Walter Simon

Kursbuch Strategieentwicklung

Walter Simon

Kursbuch Strategieentwicklung

Analyse – Planung – Umsetzung

REDLINE WIRTSCHAFT

Bibliografische Information der Deutschen Nationalbibliothek

Die Deutsche Nationalbibliothek verzeichnet diese Publikation in der Deutschen Nationalbibliografie.
Detaillierte bibliografische Daten sind im Internet über http://dnb.d-nb.de abrufbar.

ISBN: 978-3-636-01542-6

Unsere Web-Adresse:
www.redline-wirtschaft.de

Umschlaggestaltung: Thomas Jarzina, Köln
Satz: Jürgen Echter, Landsberg am Lech
Printed in Austria

Inhaltsverzeichnis

Vorwort

Lieber Leser,

als Autor dieses Buches danke ich Ihnen für Ihr Interesse an dem Thema »Strategisches Management«. Vielleicht fragen Sie sich, warum das Buch in seinem Titel den Zusatz »Kursbuch« trägt. Der Grund hierfür: Ein Kursbuch ist ein Arbeitsmittel, ein Mittel zum Zweck.

Der Zweck ist die Wettbewerbsgestaltung und Zukunftssicherung Ihres Unternehmens und dazu benötigen Sie eine Strategie. Diese aber müssen Sie selbst entwickeln. Das fällt umso leichter, je mehr Hilfsmittel, Beispiele oder gar »Gebrauchsanleitungen« Ihnen zur Verfügung stehen. Sie kennen das beispielsweise von Steuerratgebern, die Ihnen als Buch oder als Software hilfreich sind. Ihre Steuererklärung aber müssen Sie letztendlich selbst durchdenken und gestalten. Ähnlich verhält es sich mit diesem Strategiebuch.

Um Ihnen bei der strategischen Kursbestimmung zu helfen, schlüpfe ich an vielen Stellen dieses Buches in die Rolle des »Strategiecoach«, indem ich Sie bitte, über diese oder jene Frage nachzudenken und die Antwort niederzuschreiben. Wenn Sie diese praktischen Übungen konsequent durchführen, dann halten Sie am Ende der Lektüre Ihr ganz persönliches strategisches Kursbuch in Händen und können die von Ihnen gewählte Richtung beschreiten.

Sollte es wirklich einmal zu schwierig werden, können Sie gern unter prof.simon@online.de mit mir per E-Mail Kontakt aufnehmen.

A. Was ist eine Strategie? Begriffsklärungen rund um das strategische Management

Es gibt viele Bücher zum Thema strategisches Management. Doch die Strategieliteratur bewegt sich auf einem hohen Abstraktionsniveau mit wenig praktischer Umsetzungsanleitung. Die Diskussion über die richtige Strategie erfolgt oftmals auf rein theoretischer Ebene, sozusagen von der Theorie für die Theorie. Jeder Theoretiker führt ein neues Begriffskonstrukt ein. Das einfache Wort »Stärke« wird durch »strategische Erfolgsposition« (Pümpin), »Competitive Advantages« (Porter), »Erfolgspotenziale« (Gälweiler) oder »Erfolgsfaktoren« ersetzt. Manche Strategiemodelle sind Begriffsbestimmungskonstrukte oder ähneln Seminarbeschreibungen und die Empfehlungen gehen oft an den zeitlichen Möglichkeiten der Führungskräfte vorbei. Außerdem liegt ihnen eine linear-stromlinienförmige Einführungsstrategie zugrunde, die zwar einem Idealtypus[I] entspricht, aber nicht dem chaosbewältigenden Tagesverlauf im Chefzimmer.

I. Idealtypen sind theoretische Konstrukte, die wesentliche Aspekte der (sozialen) Realität absichtlich und zielgerichtet überzeichnen, um Ausschnitte der sozialen Wirklichkeit gedanklich ordnen und erfassen zu können.

1. Strategieentwicklung: Basisinformationen

Sie könnten eigentlich gleich mit Abschnitt C dieses Buches, der Strategieumsetzung, beginnen. Trommeln Sie Ihre wichtigsten Leute zusammen, investieren Sie einige Tage intensiver Denkarbeit – am besten außerhalb Ihres Unternehmens – und arbeiten Sie dieses Buch mit Blick auf Ihr Unternehmen Schritt für Schritt durch. Als Ergebnis erhalten Sie ein, auf Ihr Unternehmen individuell abgestimmtes Kursbuch. Aber natürlich spricht auch nichts dagegen, wenn Sie sich schon vorab umfassend informieren möchten und dieses Buch allein lesen und bearbeiten.

Natürlich wollen Sie kein theorielastiges Lehrbuch lesen, das besser geeignet wäre für BWL-Studenten im fortgeschrittenen Semester, sondern ein Nutzerhandbuch für Sie als Unternehmensleiter oder Manager. Damit meine ich aber nicht Führungskräfte in Weltkonzernen, deren Strategien von Stabsstellen unter Zuhilfenahme von Beratungsfirmen entworfen werden, sondern das statistisch relevante Gros von Geschäftsführern und Kadern.

Aus diesem Grunde klammere ich vertiefende theoretische Diskussionen der verschiedenen Strategieschulen hier aus. Die Gedankengänge sind zwar, soweit sie für die Praxis relevant sind, in dieses Buch eingeflossen. Sie werden aber nicht besonders gewichtet oder als eigenes Kapitel hervorgehoben, wie man es sonst von Lehrbüchern kennt. Allerdings werden einige wichtige Namen und die dazugehörenden Denkansätze genannt. Das gebietet allein schon der Respekt vor diesen Wissenschaftlern.

Der theorieverliebte Leser mag vielleicht einwenden, dass dieses oder jenes Instrument oder Konzept theoriegeschichtlich eher in ein anderes Kapitel oder einen anderen Kontext gehört. Das mag zwar richtig sein, könnte aber dem pragmatischen Anspruch des Buches zuwiderlaufen. Ich schreibe es als eine Art Leitfaden für Ihr eigenes

Do-it-yourself-Strategiemanagement, als Denk- und Planungshilfe, als Strukturierungsmodell.

Natürlich können einige Instrumente sowohl diesem oder jenem Kapitel zugeordnet, werden, zum Beispiel die ABC-Analyse, die SWOT-Analyse, aber auch die Portfoliomodelle, die man als

- Ist-Unternehmens-Portfolio oder als
- strategisches Plan-Portfolio

nutzen kann. Mir geht es darum, dass Sie vor lauter Wald die Bäume sehen und einen Weg durch das Dickicht finden.
In diesem Buch werden Ihnen mehrere Strategiefindungswerkzeuge vorgestellt. Aber Vorsicht, denn strategische Werkzeuge führen nie direkt zu einer Entscheidung, sondern sollen helfen, neue Denkwege zu finden, alte »Denk-Trampelpfade« zu verlassen und Zusammenhänge zu erkennen. Es sind Hilfsmittel, die Fragen provozieren, nie aber der Beweis oder das Urteil an sich sind. Insbesondere die Portfoliomethoden als eine Art Grundwerkzeug haben, bezogen auf konkrete Branchen oder Probleme, diese oder jene Schwäche. Aber die Vielzahl der präsentierten Instrumente, Modelle und Methoden garantiert Ihnen eine breitere Informationsbasis und mehr Handlungsoptionen, als wenn Sie nur *einer* Schule oder *einer* Lehrbuchmeinung folgen würden.

1.1 Strategischer Rahmen statt strategischer Rezepte

Dieses ist auch kein Management-Rezeptbuch, wie es sie zuhauf auf dem Büchermarkt gibt. Hier werden Ihnen keine Quantensprünge oder Erfolgsexplosionen versprochen, wenn Sie dieses tun oder jenes lassen. Sie finden an keiner Stelle eine Antwort auf die Frage nach der »richtigen Strategie«, denn diese gibt es nicht. Oft wissen Sie erst im Nachhinein, ob der eingeschlagene Weg richtig oder fasch war. Das Resultat hängt auch von den Mitspielern namens Bauchgefühl, Glück und Zufall ab. So manche Bauchentscheidung erwies sich als vernünftig, so beispielsweise der Bau eines Personal Computers durch die Apple-Gründer, obwohl die Experten davon abgeraten hatten.

Wer Regeln bricht, gewinnt[2]

Die Erfahrung zeigt außerdem, dass das, was gestern richtig war, heute falsch sein kann. Was in den Strategielehrbüchern steht, ist allen bekannt. Klüger ist es, das Gegenteil zu wagen, wie es das Beispiel eines gewissen *I*ngvar *K*amprad vom Bauernhof *E*lmtaryd in der Nähe von *A*gunnaryd (Schweden) zeigt. Er verkauft seit etwa 1960 zerlegbare Möbel in Pappkartons, die von den Kunden mitgenommen und selbst montiert werden. Das war ein Regelbruch mit den Gepflogenheiten der Möbelbranche. Sie selbst haben dort sicher auch schon eingekauft.

Aus all diesen Gründen bietet Ihnen dieses Buch nur einen Rahmen, den Sie mit Ihren eigenen Überlegungen und Vorhaben, mit der fallbezogenen Analyse Ihres eigenen Unternehmens füllen sollen. Sie müssen also denken, Dinge infrage stellen, korrigieren, lernen und handeln. Das ermöglicht Ihnen den Wechsel von der Frosch- in die Vogelperspektive. Sie sehen so Ihr Geschäft einmal von oben und erkennen die Richtung Ihres Weges. Außerdem bietet Ihnen dieser Blick einen Wettbewerbsvorteil gegenüber jenen Unternehmen, die nach dem Prinzip »Management by potatoes« arbeiten: rein in die Kartoffeln, raus aus den Kartoffeln ...

Sie haben, um mit Konfuzius zu sprechen, drei Wege, klug zu handeln:

- Erstens durch Nachdenken: Das ist der edelste.
- Zweitens durch Nachahmen: Das ist der leichteste.
- Drittens durch Erfahrung: Das ist der bitterste.

2. Das ist zugleich der Untertitel eines Buches von Gary Hamel: *Das revolutionäre Unternehmen*, Berlin 2001 (Econ).

Das Problem der Strategiekonvergenz und ihre Folgen

Bleiben wir bei Konfuzius. Der Weg des Nachahmens sollte ausscheiden. Bitte bedenken Sie: Hunderttausende Consultants in der ganzen Welt sorgen immer wieder für eine strategische Konvergenz, indem sie Unternehmen die gleichen Ratschläge erteilen und die Best Practice auf die Nachzügler übertragen beziehungsweise diese mit ihren Beraterdogmen infizieren. Alle arbeiten mit den gleichen Mitteln und Methoden, zum Beispiel der SWOT-Analyse und der Portfoliomethode. Unabhängig hiervon neigen Unternehmen dazu, ihre Strategie an einer vom Branchendogma diktierten zentralen Tendenz auszurichten, denn man liest die gleichen Fach- und Managementzeitschriften und besucht die gleichen Messen, Kongresse und Seminare. IKEA und Aldi fanden schnell ihre zweitklassigen Nachahmer. Unternehmensstrategien nähern sich somit einander an, weil Erfolgsrezepte sklavisch imitiert werden. Aber auch die Gewinnspannen nähern sich einander an, und zwar auf dem Wege nach unten. Der Grund: Sobald eine Strategie imitiert wird, sinkt ihr Wert. Hinzu kommt, dass die Strategiediskussion stark von der amerikanischen Strategieliteratur geprägt wird. Die interessanten Denkansätze japanischer und anderer nicht englischsprachiger Autoren bleiben weitgehend unbekannt, da deren Bücher nicht übersetzt wurden.

Bitte beachten Sie die Nebenwirkungen

Sie sind gut beraten, Konfuzius' Empfehlung zu befolgen, indem Sie Ihr kluges Handeln auf gründliches Nachdenken zurückführen und diese Aspekte bei Ihrer Strategiefindung berücksichtigen:

1. Die von den Strategie-Gurus propagierten Rezepte sind kritisch zu hinterfragen, denn jedes Medikament hat Nebenwirkungen.
2. Es gibt keine strategische Standardlösung. So wie ein gutes Fahrrad auf den Radfahrer angepasst wird, so muss auch die Strategie auf die Organisation zugeschnitten werden.
3. Der Aufwand zur Umsetzung der Konzepte darf nicht unterschätzt werden. So begeisterten sich in anfänglicher Euphorie

beispielsweise rund 50 Prozent der amerikanischen Großunternehmen für Business Reengineering. Von diesen Projekten führten nach Schätzungen vieler Experten und Wirtschaftsstatistiken etwa zwei Drittel nicht zum erwarteten Erfolg.

4. Zudem gilt es zu erkennen, dass die »richtige« Managementstrategie »von heute« nicht zwingend auch noch morgen das Erfolgsrezept ist. Die Komplexität der Unternehmensumwelt macht es erforderlich, Strategien und Konzepte regelmäßig zu überprüfen und sich gegebenenfalls von ihnen zu verabschieden.

Die Strategieformulierung kann somit als ein nie endender Prozess des Lernens und des Suchens nach besseren Mitteln und Wegen verstanden werden, um ein langfristiges und möglichst erfolgreiches Überleben eines Unternehmens sicherzustellen. Sie als Verantwortlicher können sich nur dann von Ihren Zukunftsvisionen leiten lassen, wenn klar ist, dass diese nichts Endgültiges sind, sondern im Fluss des Geschehens korrigiert werden müssen. So kann es in einem Falle richtig sein, zu zentralisieren, während schon etwas später die Dezentralisierung der bessere Weg wäre. Bedenken Sie, Strategien sind keine in Stein gemeißelten Gesetze. »Panta rhei« (»Alles fließt«) gilt im besonderen Maße für Unternehmen. Außerdem: Es führt oft nicht nur ein Weg in die Zukunft.

1.2 Strategie – das geht jeden etwas an

Der Begriff »strategisches Management« suggeriert, dass es sich um ein Exklusivthema für Wirtschaftsführer handelt, für Strategen und Topmanager. Die strategische Planung hat die Aura des Besonderen, des Essenziellen. Nicht umsonst spricht man beim strategischen Management von der »Königsdiziplin« des Managements. Strategic Consultant klingt besser als Unternehmensberater. Das ist fast jeder, sogar der Versicherungsvertreter der AWD.

Aber strategische Planung beziehungsweise strategisches Management ist nicht mehr nur die Angelegenheit von Vorständen in Großunternehmen. Eigentlich geht es jeden an, der sich für seine

Arbeit und seine Firma interessiert. Klein- und Mittelunternehmern, Freiberuflern, Handwerkern, Ärzten, Einzelhändlern und vielen anderen Berufsgruppen stellt sich die Frage nach Richtung, Ziel, Zeiten, Mittel und Wegen ihres Geschäfts. Spätestens nach einem Kreditgespräch bei ihrer Hausbank werden sie in die Basel-II-Realität gestoßen und erfahren an der Zinshöhe, was das Fehlen einer strategisch fundierten Unternehmensführung kostet.

Die strategische Abstinenz ist keine böse Absicht. Mittelständler habe kaum die Zeit und die richtigen Mitarbeiter, neben dem Alltagsgeschäft auch noch strategische Planung zu betreiben. Sie wissen auch gar nicht, wie sie es anstellen sollen. Die Werkzeuge und Methoden zur Strategieentwicklung sind ihnen nicht bekannt. Oft fehlt auch der notwendige Leidensdruck zu strategischen Überlegungen. Wenn dann auch noch der Glaube an den Nutzen fehlt, ist das Strategieprojekt schon fast gescheitert.

Soweit strategisches Management betrieben wird, herrscht Uneinigkeit über den Schwerpunkt. Finanzmanager sehen primär die finanzielle Seite des Themas (Umsatz, Rentabilität und Wertsteigerung). Vertriebsmanager fragen eher nach den Produkteigenschaften und Marktpotenzialen. Produktionsmanager denken an die Folgen für Investitionen und Prozesse. Sie alle sind aber in der Pflicht, ihr Unternehmen ganzheitlich zu sehen, denn sie sind für das Ganze mitverantwortlich. Darum liegt diesem Buch der Gedanke ganzheitlicher Planung zugrunde, was Sie unschwer an Inhalt und Aufbau erkennen.

Dichtung und Wahrheit der strategischen Planung

Mit dem Begriff »Management« verbindet sich implizit die Vorstellung von »Darüberstehen«, »Beherrschung«, »im Griff haben« und ähnlichen Bildern. Im wirklichen Geschäftsleben geht es aber nicht so scheinbar rational zu, wie in der Literatur dargestellt. Eingespannt in den Tagesstress kümmert sich kaum ein Manager um die noch im letzten Monat feierlich verkündete Unternehmensstrategie. Oft ist die Strategiefindung nichts anderes als eine Bauchentscheidung des Geschäftsinhabers. Sie vollzieht sich unter dem Zwang der Verhältnisse, wird aufgrund von Widerstand aus dem Kollegen- oder Mitarbeiterkreis abgebrochen, um unter anderen Bedingungen neu aufgenommen zu werden. Ein »Durchwursteln« tritt oft an die Stelle strategischer Planung. Man geht schrittweise auf unbedeutenden Nebenwegen vor, denn der Spatz in der Hand ist besser als die Taube auf dem Dach. In empirischen Studien wurde festgestellt, dass selbst Großkonzerne ihre Strategie immer wieder abändern, dieses oder jenes ausprobieren, wenn neue Erkenntnisse vorliegen. Man nennt das »logischen Zuwachs«[3].

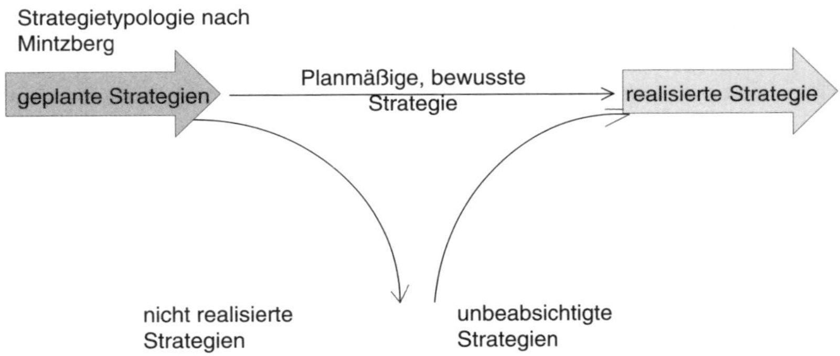

Abbildung 1: Strategietypologie nach Mintzberg

Zur schlechten Planung gesellt sich das Glück und zur guten Planung das Pech. Am Ende kommt etwas heraus, das kaum mit der ursprünglichen Vorstellung übereinstimmt. Ist das Ergebnis positiv, dann wird dieses als die ursprüngliche Strategie ausgegeben, sozusagen als Beweis für das Können des Managements. Der kanadische Management-Querdenker Henry Mintzberg wies wiederholt darauf hin, dass Strategien nicht zwingend das Ergebnis formaler rationaler Planung sind (Abbildung 1). Wir kommen unter A.2.1 (»Was ist strategisches Management?«) nochmals auf diesen Punkt zurück.

3. So Professor James Quinn vom Dartmouth College (USA).

1.3 Formen der Strategieentwicklung

Viele Wege führen nach Rom und hin zur Strategie. In der Praxis trifft man immer wieder auf die in der folgenden Übersicht dargestellten Formen der Strategieentwicklung. Hierbei handelt es sich um idealtypische Beschreibungen. Oft gehen sie mit wechselnden Schnittmengen ineinander über. Welche Form gewählt wird, hängt von vielen Faktoren ab, insbesondere von der Unternehmensgröße und der Wesensart des Unternehmens. In einem Familienunternehmen mit einer traditionsreichen Geschichte verläuft der Strategiefindungsprozess anders als in einem jungen IT-Unternehmen. Die Form ergibt sich auch aus der Art der zu entwickelnden Strategie. Handelt es sich um die Teilstrategie Finanzen, ist es im Wesentlichen Sache des Finanzchefs, sie zu entwickeln. Ähnliches gilt für die Teilstrategien Personal oder Beschaffung.

An dieser Stelle sollten Sie einen Moment lang innehalten und überlegen, welchen Weg Sie beschreiten oder welche Formen Sie miteinander kombinieren wollen. Da Sie sich dieses Buch gekauft haben, werden Sie sicherlich nicht auf intuitive Bauchsignale warten. Sollten Sie vorhaben, externe Berater zu verpflichten, dann ermöglicht Ihnen dieses Buch, den Kurs zu verfolgen. Wenn Sie aber mit Ihren wichtigsten Leuten die Strategie gemeinsam erarbeiten möchten, dann stecken Sie mit diesem Buch gemeinschaftlich den Strategiekurs ab. Sie sollten dann vorab Kapitel E.2 lesen (»Wie Sie Ihre Strategie mit Ihren Mitarbeitern erarbeiten und realisieren«), in dem Sie wichtige organisatorische Hinweise zur Umsetzung erhalten.

Wo und wie findet die Strategieentwicklung statt?	Aus dem Tagesgeschäft heraus	Unabhängig vom Tagesgeschäft
Strategie ist Chef- oder Expertensache	Strategieentwicklung als persönliche und/ oder intuitive Leistung: Chef denkt und lenkt.	Strategieentwicklung durch externe Berater. Expertise an die Geschäftsführung, die dann ausführt.
Strategie ist unser aller Thema	Situativ-evolutionäre Strategieentwicklung. Strategien ergeben sich aus Situationen heraus, etwa plötzliche Chancen und Risiken.	Strategieentwicklung und ständige Strategieüberprüfung als gemeinschaftliche Managementleistung.

Tabelle 1: Formen der Strategieentwicklung[4]

Strategieentwicklung als persönliche und/oder intuitive Leistung

Viele Unternehmen werden strategisch geführt, aber zumeist intuitiv. Das ist in vielen Klein- und Mittelunternehmen der Regelfall: Der Chef denkt vor und die Mitarbeiter folgen. Oft beruhen strategische Entscheidungen auf seinem Bauchgefühl oder dem »richtigen Riecher«. Hierbei ist zu bedenken, dass das Bauchgefühl die Summe jahrelanger Erfahrungen ist.

Wenn Sie sich als Strategieverantwortlicher bei Ihren Entscheidungen nur auf Zahlen, Statistiken und eignungsdiagnostische Verfahren stützen, reduzieren Sie damit zwar das Risiko einer Fehlentscheidung, haben aber keinen Freifahrschein in Richtung Entscheidungserfolg. Wenn alle Zahlen geprüft und alle Experten gehört wurden, dann bedarf es noch einer letzten Prüfinstanz: der Intuition. Wenn Sie diese »innere Stimme« unterdrücken, halbieren Sie damit auch Ihre Fähigkeiten und Möglichkeiten der gekonnten Entscheidungsfindung.

4. In Anlehnung an Reinhart Nagel: *Lust auf Strategie*, Stuttgart 2007 (Klett-Cotta), S. 13ff.

Strategieentwicklung als Expertenangelegenheit

Das ist der Regelfall bei vielen Unternehmen: Man verpflichtet die McKinseys & Co., die Berater stürmen ins Unternehmen und weisen den Weg. Da sie dieses nicht kennen, führen sie zunächst Gespräche mit den Wissensträgern vor Ort. Ein Großteil der Kosten fällt für die vielen Interviews an, die sie über Wochen hinweg führen und in Berichten auswerten. Die Geschäftsleitung kann sich dem gewohnten Tagesgeschäft widmen und eventuelle unpopuläre Maßnahmen mit dem Sachverstand einer weltweit agierenden Unternehmensberatung begründen.

Für dieses Vorgehen spricht der Sachverstand der gut ausgebildeten Berater, vor allem deren Erfahrung aus vielen Strategieprojekten. Die Empfehlungen werden in einem Gutachten dargelegt und begründet. Andererseits muss man auch die Akzeptanzprobleme bedenken, die mit dem Erscheinen externer Berater verbunden sind. Niemand, der im Unternehmen Verantwortung trägt, lässt sich von extern Verpflichteten sagen, was richtig oder falsch ist. Das hat zumeist negative Folgewirkungen für die Umsetzung der Strategie.

Situativ-evolutionäre Strategieentwicklung

Vergleichbare Ereignisse treten immer wieder auf: Ein Unternehmen forscht an einem neuen Herzmedikament und macht die erstaunliche Entdeckung, dass die darin enthaltenen Wirkstoffe das männliche Glied erigieren. Plötzlich musste sich die Pfizer AG strategisch neu ausrichten. Viagra bescherte ihr unerwartete Profite. Andere Pharmahersteller wurden deshalb nervös und forcierten entgegen ursprünglichen strategischen Intentionen ihre Forschung, um über die männliche Potenz wirtschaftlich potent zu bleiben.

Ähnlich verhält es sich, wenn gleich neben einem Einzelhandelsgeschäft plötzlich ein Mitbewerber auftaucht, vielleicht sogar ein größerer und mächtigerer. Die Situation zwingt zum Nachdenken, aber möglichst schnell, denn der Konkurrent hat einen Plan, sonst wäre er das Wagnis nicht eingegangen.

In diese Gruppe gehören auch jene Ansätze, die auf eine strategische Steuerung verzichten und auf die sich zufällig ergebenden Marktchancen warten. Erweisen sich diese als Glücksbringer, kann man sie im Nachhinein als geplante Strategie ausgeben.

Strategieentwicklung als gemeinschaftliche Managementleistung

Dieser Weg ist empfehlenswert, wenn es Ihnen um strategische Willensbildung statt um Willensdurchsetzung geht. Ihr Management kennt den Markt, seine Chancen und Risiken, weiß, welche Ressourcen zur Verfügung stehen, und sieht gegebenenfalls selbst die Notwendigkeit einer Strategie.

Wenn Sie das Thema Strategieentwicklung als gemeinschaftliche Managementaufgabe definieren und deklarieren, verschwindet die Barriere zwischen Konzeption (Berater oder Chef) und Realisation (Führungsmannschaft). Das steigert die Qualität und Akzeptanz der Strategieentscheidungen, denn das Resultat von Teamentscheidungen ist in der Regel mehr als die Addition der Einzelleistungen der Gruppenmitglieder.

2. Was ist eine Strategie?

Der Begriff Strategie entstammt dem militärischen Sprachgebrauch. Er wird aus den griechischen Begriffen »straós« (Heer) und »agein« (Führer) oder auch »strategos« (General) abgeleitet und bedeutet so viel wie »Kunst der Heeres-, Kampf- oder Kriegsführung«. Die betriebswirtschaftliche Literatur nimmt immer wieder Bezug auf diese Wurzel, denn schon in der philosophischen Klassik in den Dialogen zwischen Sokrates und Nichomachides wird davon gesprochen, dass die Pflichten eines Generals durchaus denen eines Geschäftsmanns vergleichbar seien: Beide beinhalteten die geplante Verwendung von Ressourcen, um bestimmte Ziele zu erreichen.

Beispiele strategischer Prinzipien:

»Eine Schlacht wird von Logistikern geschlagen, bevor sie begonnen hat.« (Erwin Rommel)

»Wer überall ist, ist nirgendwo.« (Lucius Annaeus Seneca)

»Sei als Erster da mit den meisten Kräften.« (Nathan Bedford Forrest)

»Die Verteidigung ist bei vorausgesetzten gleichen Mitteln leichter als der Angriff.« (Carl von Clausewitz)

»Es ist nicht weise, das zu verteidigen, was man ohnehin aufgeben muss.« (Niccolò Machiavelli)

Im 19. Jahrhundert wurde der Begriff von dem preußischen General Carl von Clausewitz aufgegriffen und im militärwissenschaftlichen Zusammenhang als »Gebrauch des Gefechts zum Zwecke des Krieges« definiert: »Taktik ist die Kunst, Truppen in der Schlacht richtig einzusetzen. Strategie ist die Kunst, Schlachten richtig einzusetzen, um Kriege zu gewinnen.«

Diese Definition wirkt bis heute nach: Auch in Politik und Wirtschaft zielen Strategien auf ein übergeordnetes Ziel, auf das wegweisende Grundsätzliche beziehungsweise die Vision. Strategien sind zugleich ein grober, aber möglichst flexibler Handlungsrahmen. Mit Taktik sind eher die Maßnahmen und bevorstehenden Schritte gemeint. Diese zielen in der Summe darauf, die Strategie

Strategie	Taktik
• grundsätzlich • Rahmen • mittel- bis langfristig • wenig irreversibel • zukunftsorientiert	• situativ • Inhalt • kurzfristig • flexibel • augenblicksbasiert

Tabelle 2: Unterschiede zwischen Strategie und Taktik

umzusetzen. Clausewitz sprach vom situationsgerechten Verhalten auf dem Kampfplatz. Auf das Geschäftsleben übertragen könnte man sagen: Während die operative Planung von weitgehend gegebenen Realitäten auszugehen hat, beeinflusst strategische Planung die Realität beziehungsweise schafft diese gar erst.

2.1 Was ist strategisches Management?

»Strategie ist eine Wegbeschreibung zum Ziel.« Man kann es auch präziser, etwa so ausdrücken: »Strategie ist ein Aktionsplan, der sich mit gegenwärtigen und zukünftigen Entwicklungen im Umfeld eines Unternehmens und zukünftigen Entwicklungen eines Unternehmens befasst und Entscheidungen über finanzielle und menschliche Ressourcen darstellt, um Leistungen zu steigern und langfristige Ziele zu erreichen.«[5] Einer der Väter des strategischen Managements, Igor Ansoff (1918-2002), definierte strategisches Management so: »Strategie ist die Kunst und die Wissenschaft, alle Kräfte eines Unternehmen so zu entwickeln und einzusetzen, dass ein möglichst profitables, langfristiges Überleben gesichert wird.«

Der Japaner Kenichi Ohmae macht in seiner Definition darauf aufmerksam, dass die Strategie dazu beitragen soll, Wettbewerbsschlachten zu vermeiden. Der Manager und Hochschullehrer Rolf Eschenbach sieht im strategischen Management das »bewusste Sichern und Ausbauen von Erfolgspotenzialen«.

---

5. Bernd Camphausen: *Strategisches Management*, München 2003 (Oldenbourg), S. 15.

Diese Definitionen enthalten wichtige Stichwörter: Aktionsplan, Sichern, Entwicklung, Umfeld, Ressourcen, Leistung, Überleben, Weg und Ziel. Sie geben Ihnen einen Hinweis darauf, was strategisches Management enthält und bezweckt. Inhalt und Richtung werden klarer.

»Das Ziel der Strategie ist, die von der Unternehmenspolitik gesetzten Aufgaben unter bestmöglicher Verwendung der verfügbaren Mittel zu erreichen.« (Hinterhuber)

»Strategie ist die Konkretisierung eines von der Unternehmenspolitik vorgegebenen leitenden Gedankens.« (Unbekannt)

»Strategie ist das Schaffen einer einzigartigen und werthaltigen Marktposition unter Einfluss einer Reihe differenter Geschäftstätigkeiten.« (Porter)

»Strategie ist eine Perspektive, nämlich die grundlegende Art und Weise, wie eine Organisation agiert.« (Unbekannt)

»Strategie bedeutet, dass man andere Maßnahmen als bisher setzt, um eine einzigartige und wertvolle Position zu erreichen.« (Porter)

»Strategie ist ein Aktionsplan, der sich mit gegenwärtigen und zukünftigen Entwicklungen im Umfeld einer Organisation befasst und Entscheidungen über finanzielle und menschliche Ressourcen darstellt, um Leistungen zu steigern und langfristige Ziele zu erreichen.« (Unbekannt)

Während man in den sechziger Jahren den Zeithorizont, genauer gesagt die Langfristigkeit, als Bezugsrahmen für das strategische Management sah, konzentrierte man sich später auf die genannten Erfolgspotenziale. In den siebziger Jahren galt die Strategie als langfristiges Instrument zur Sicherung von Wettbewerbsvorteilen. Strategische Planung setzt zwar eine gewisse Langfristigkeit voraus, aber nicht jede Langfristplanung erfüllt strategische Aufgaben. Langfristplanung deckt einen gewissen Zeitraum ab. Aber die strategische Planung geht weiter, indem sie sich auch mit der Festlegung geeigneter Maßnahmen befasst.

Heute wird mit dem Begriff »Strategie« ein Denken und Verhalten charakterisiert, das an übergeordneten Zielen orientiert ist und auf einer umfassenden Sichtweise basiert. So soll die strategische Planung unter anderem Antworten auf solche und ähnliche Fragen geben: Wie reagieren wir gekonnt auf Diskontinuitäten im Wettbewerb? Wie nutzen wir die Globalisierung? Wie bringen wir langfristige Ziele und Flexibilität unter einen Hut? Die strategische Unternehmensführung ist durch eine ausgeprägte Zukunftsorientierung gekennzeichnet und das damit notwendige Bemühen, sich auf unterschiedliche Umfeldsituationen vorzubereiten und entsprechende Handlungsmuster parat zu haben.

Was ist Management?

Nachdem nun klar wurde, was Strategie ist, hier die Antwort auf die Frage »Was ist Management?«. Man kann den Begriff Management (lat. »manum agere« = an der Hand führen) funktional und institutionell definieren. Im institutionellen Sinne ist Management jene Personengruppe, die eine Organisation führt. Das sind die Unternehmer, Vorstände, Geschäftsführer und leitenden Angestellten. Es sind jene Menschen, die über dispositive Entscheidungs- und Anordnungskompetenz gegenüber jenen verfügen, die mit ausführenden (operativen) Aufgaben betraut sind.[6]

Im funktionalen Sinne wird Management als eine Abfolge von Funktionen definiert. Es handelt sich hierbei um:

1. Ziele setzen (Wo stehen wir? Wo wollen wir hin?)
2. Planen (Welchen Weg nehmen wir? Welche Ressourcen haben wir? Wie viel Zeit haben wir?)
3. Entscheiden (Alternative A, B oder C?)
4. Realisieren (Organisieren, Koordinieren, Delegieren)
5. Kontrollieren (sachlich, personell, zeitlich, Controlling)

Die genannten Funktionen stellen sich als immer wiederkehrende Aufgaben dar, die prinzipiell von jedem Vorgesetzten zu leisten sind, und zwar unabhängig davon, auf welcher Hierarchieebene und in

6. Vgl. Walter Simon: *GABALs großer Methodenkoffer, Managementtechniken*, Offenbach 2005 (GABAL).

welchem Unternehmen sie anfallen. Man könnte noch Information und Kommunikation hinzufügen. Ohne sie ist es unmöglich, Ziele zu setzen, diese zu planen, dazu Entscheidungen zu treffen, Maßnahmen durchzuführen und diese zu kontrollieren.

Phasen des Strategieformulierungsprozesses

Der Begriff Prozess besagt, dass die diversen Aktivitäten der Strategieformulierung und -umsetzung in einem Zusammenhang stehen und in einer zeitlichen und sachlich-inhaltlichen Reihenfolge durchlaufen werden. Die Grundlage hierfür bildet der im vorherigen Absatz vorgestellte Managementprozess. Er dient als Leitfaden für alle Formen des Managements, für das Qualitätsmanagement ebenso wie für das Projekt- oder auch das strategische Management.

Das diesem Buch zugrunde liegende Modell des Strategieprozesses zeigt Ihnen Abbildung 2.

2.2 Der Zweck einer Strategie

Definitionen reduzieren einen Sachverhalt auf die signifikanten Inhalte. Der Zweck einer Strategie, das langfristige Überleben zu sichern und den Unternehmenswert zu steigern, ist klar. In der klassischen deutschsprachigen Literatur wird dieses mit dem Konzept der Erfolgspotenziale von Aloys Gälweiler erklärt.[7] Strategien konzentrieren sich demnach auf den Aufbau, die Erhaltung und die Nutzung möglichst lukrativer strategischer Erfolgspotenziale. Sie sind die Voraussetzung für den dauerhaften Erfolg eines Unternehmens. Ergänzende und vertiefende Hinweise hierzu finden Sie in Kapitel B.4.1 (»Kennen Sie Ihre strategischen Erfolgspotenziale?«).

Welches aber sind die zum Ziel führenden Determinanten für den Unternehmenserfolg?

- Eine Strategie zwingt zu überlegtem Handeln.
- Sie reduziert die Gefahr von Überraschungen.

---

7. Aloys Gälweiler: *Strategische Unternehmensführung*, Frankfurt/M. 2005 (Campus).

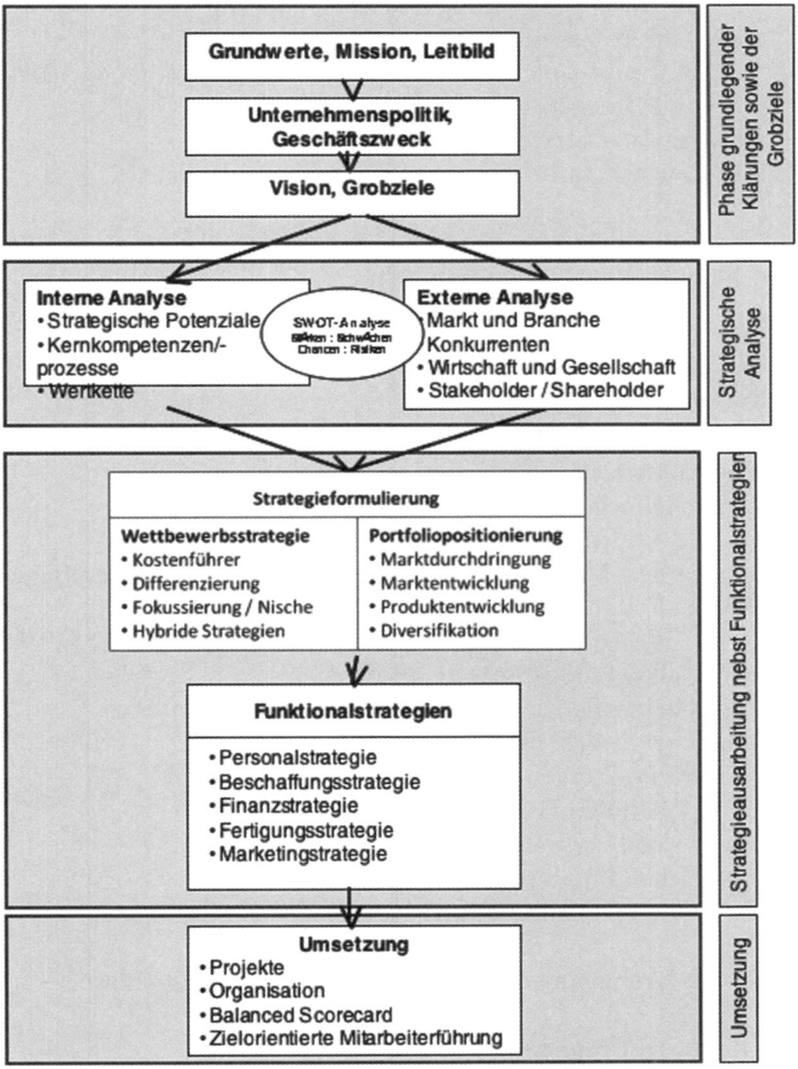

Abbildung 2: Der Strategieprozess

- Sie schützt vor Verzettelung und Zersplitterung Ihrer Kräfte.
- Sie schafft Konsequenz und gibt Energie.
- Sie gibt Ihrem Unternehmen »Charakter« und »Persönlichkeit« (Corporate Image).
- Sie sorgt dafür, dass alle an einem Strang ziehen.
- Sie fundiert Entscheidungen und Handlungen.

Im Zusammenhang mit diesen Strategiedeterminanten beantwortet eine Strategie folgende Hauptfragen:

- Wer sind wir? (Identität)
- Wer wollen wir sein?
- Wo stehen wir jetzt?
- Wo wollen wir hin? (Ziele)
- Was müssen wir dafür einsetzen? (Ressourceneinsatz)
- Wie wollen wir es tun? (Prozesse und Strukturen)

Wenn Sie den Markt einbeziehen, dann lauten Ihre Einzelfragen konkreter so:

- Mit welchen Produkten/Angeboten
- In welchen regionalen, nationalen oder globalen Märkten
- In welchen Geschäftsfeldern
- Bei welchen Kunden
- Mit welchen Kernfähigkeiten
- Über welche Vertriebswege
- Mit welchen Prozess-/Fertigungstechniken
- Mit welcher Organisation

erzielt das Untenehmen heute und morgen welche Ergebnisse?

Die richtigen Dinge tun

Der deutsch-amerikanische Managementpapst Peter F. Drucker sieht den Zweck einer Strategie darin, zu klären, ob ein Unternehmen die richtigen Dinge tut. »Effektivität bedeutet, die richtigen

Dinge zu tun, während Effizienz heißt, die Dinge richtig zu tun.«[8] In diesem Sinne ist Effektivität ein mittel- bis langfristiges Handeln, bei dem Wirkungen erzielt werden, aus denen ein optimales Ergebnis resultiert. Dies ist im Unterschied zur Effizienz unabhängig von dem zur Zielerreichung nötigen Aufwand. Effektiv arbeiten bedeutet ergänzend dazu zu arbeiten, mit dem Blick auf die Wirksamkeit und unter Einsatz der benötigten Mittel ein Ziel zu erreichen.

Abbildung 3: Die richtigen Dinge tun oder die Dinge richtig tun?

2.3 Strategiearten, -ebenen und -inhalte

Hört man das Wort »Strategie«, denkt man meist an *eine* Strategie. In der Praxis sind es aber oft mehrere Strategien, zumeist nach-, neben oder untergeordnete Strategien, die ein Unternehmen verfolgt. Jede dieser Strategien soll auf ihre spezielle Art dazu beitragen, den langfristigen Erfolg eines Unternehmens zu sichern. So existieren funktional eingegrenzte Strategien für ausgesuchte Funktionsbereiche des Unternehmens, zum Beispiel Finanzstrategie, Beschaffungsstrategie, Personalstrategie, Qualitätsstrategie. Man bezeichnet sie als Funktionalstrategien (siehe Teil C »So entwickeln Sie Ihre Funktionsbereichsstrategien«), beispielsweise sorgt die Finanzstrategie für ausreichende Liquidität, die Beschaffungsstrategie sichert die Versorgung mit wichtigen Materialien und auch die technologische Richtung des Unternehmens wird strategisch festgeschrieben.

8. Peter F. Drucker: »Effektivität«. Definition im »Projektmanagement-Glossar« des *Projekt Magazin* (München): http://www.projektmagazin.de/glossar/gl-0817.htm (Stand 2006).

Daneben gibt es übergreifende Strategien, in denen ein Unternehmen Themen wie Kosten, Qualität, Risiko oder Internationalisierung strategisch formuliert. Sie betreffen alle Geschäftsbereiche und Themen des Unternehmens.

Es ist denkbar und in der Praxis anzutreffen, dass eine Strategie Aussagen über die *Entwicklungsrichtung* eines Unternehmens macht, etwa Wachstum, Angriff oder Verdrängung. Beispielsweise betrieb WalMart in Deutschland eine erkennbare Angriffsstrategie, mit der der Konzern aber scheiterte.

Strategiemodelle

Neben diesen unternehmensinternen Spezialstrategien gibt es strategische Grundmodelle, die aus verschiedenen strategischen Schulen stammen. Es ist wie auf dem »Markt« der Religionen: Alle Religionsgemeinschaften garantieren das Seelenheil, aber auf verschiedenen Wegen und mit unterschiedlicher Akzentsetzung. Ähnlich ist es mit den diversen Strategie-Metamodellen. Einige von ihnen entstanden aus der Unternehmens- oder Beratungspraxis, andere in den Universitätsbüros von Wissenschaftlern – und entsprechend bunt und vielgestaltig ist das Angebot (mehr dazu finden Sie unter A.4 »Strategische Metakonzepte«).

Normstrategien

Der erste und nachhaltigste Strategieentwurf stammte von Igor Ansoff, dem »Vater« des strategischen Managements, der 1965 eine Systematik von *Produkt-Markt-Kombinationsstrategien* entwickelte. Wegen der hervorragenden Bedeutung in Theorie und Praxis wird dieser Ansatz in Kapitel B.7.1 (»Ihr Weg über die Kombination von Produkt und Markt«) ausführlich behandelt. Dort werden vielfältige Strategiearten beschrieben, beispielsweise Diversifikations-, Nischen-, Differenzierungs-, Kostenführerstrategie. Die in diesem Kapitel vorgestellte Boston-Consulting-Matrix und ebenso das Neun-Felder-Tableau von McKinsey beinhalten sogenannte Normstrategien, indem sie strategische Empfehlungen wie »Abschöpfen«, »Desinvestieren« und »Investieren« geben und die dazu notwendigen Maßnahmen beziehungsweise die daraus folgenden Konsequenzen benennen. Normstrategien basieren auf wissenschaftlichen Erkenntnissen im Sinne von »wenn, dann«. Sie haben den Charakter von Regeln.

SGE-Strategien

Insbesondere große Unternehmen haben neben ihrer Unternehmens- oder Konzernstrategie noch ihre SGE-Strategien (Strategische Geschäftseinheit oder strategisches Geschäftsfeld), die oft für die Tochterunternehmen gelten. So gesehen sind SGEs Unternehmen im Unternehmen. Beispielsweise hat VW für den Phaeton und den Bugatti eigene Strategien, die jeweils auf das besondere Produkt, den speziellen Markt und die ausgesuchte Käufergruppe abgestimmt sind. Der Wettbewerb findet nicht zwischen der Holding A und B, sondern in konkreten Geschäftsfeldern statt, PKW-Oberklasse A gegen PKW-Oberklasse B. In den Strategischen Geschäftseinheiten werden die relevanten Entscheidungen über Produkte und Märkte getroffen.

Werfen wir einen Blick auf irgendein Unternehmen, so wie es sich von der Organisation her präsentiert. Das Unternehmen als Ganzes hat eine Strategie, eine Art Hauptrichtung für alle nachgelagerten Ebenen. Diese »corporate strategy« ist marktübergreifend. Durch sie werden die Fragen beantwortet: In welchen Branchen wollen wir uns engagieren? Wie viel Geld wollen wir in welcher Branche investieren? In welchen Ländern wollen wir uns engagieren?

Darunter agieren die verschiedenen Geschäftsbereiche, die je nach Produkt/Angebot eigene Strategien verfolgen, im Grundsätzlichen jedoch angelehnt an die Unternehmensstrategie. Hierbei handelt es sich um die konkreten Geschäfts- beziehungsweise Wettbewerbsstrategien. Jeder dieser Geschäftsbereiche, zumeist Tochterunternehmen, ist untergliedert in die normalen Hauptabteilungen wie Produktion, Absatz, Finanzen und Personal. Auch dort werden strategische Überlegungen angestellt, teilweise von der Konzernspitze oder aus dem Geschäftsbereich kommend. Hierbei handelt es sich um die soeben erwähnten Funktionalstrategien.

Abbildung 4: Aufbau eines Strategiesystems

Wenn der Konzernvorstand einen groß angelegten Personalabbau beschließt, muss die Personalabteilung diesen strategisch umsetzen. Will das Unternehmen im größeren Stil in eine neue Produktlinie investieren, braucht es Geld. Das muss die Finanzstrategie berücksichtigen. Wenn in Verbindung damit Personal zu qualifizieren ist, muss dieses zur Personalstrategie passen.

Ein Strategiesystem kann etwa so aussehen:

Strategische Ebene	Strategiearten
Unternehmen/Konzern/Holding (corporate level) Was machen wir?	• Unternehmens- bzw. Konzernstrategien • Wachstumsstrategie • Stabilisierungsstrategie • Desinvestitionsstrategie
Geschäftsbereich/Tochterunternehmen/Niederlassung (business level) Wie machen wir es?	• Geschäftsbereichsstrategien • Kostenführerstrategie • Differenzierungsstrategie • Nischenstrategie
Funktionen, Abteilungen (functional level) Wie unterstützen wir die übergeordneten Strategien?	• Funktionsbereichsstrategien • Beschaffungsstrategie • Produktionsstrategie • Finanzstrategie • Technologiestrategie • Vertriebsstrategie

Tabelle 3: Strategiesystem nach Strategieebenen

Stellen Sie sich vor, Ihr Unternehmen eröffnet eine Filiale in der Nähe oder an einem anderen Standort in Deutschland oder gar in Osteuropa. Dort herrschen andere Marktbedingungen als auf Ihrem Stammmarkt. Es sind andere Mittel und Wege erforderlich. Sie benötigen also eine auf diesen Markt abgestimmte *Regionalstrategie*, die wiederum andere Strategieaspekte wie Personal, Marketing oder Finanzierung beinhaltet. Um bei VW zu bleiben: In den USA oder China verfolgt der Konzern andere Wege als in Europa.

Die folgende Übersicht gibt nur eine grobe Orientierung möglicher Strategiefelder. Eine exakte Bestimmung ist wegen der vielen Überschneidungen kaum möglich und macht im Kontext eines Praktiker-Handbuches wenig Sinn.

Richtungs-strategien	Funktional-strategien	Übergreifende Strategien	Marktstrategien	Eigenständigkeitsstrategien
• Wachstums-strategien • Stabilisierungs-strategien • Angriffs-strategien • Verdrängungs-strategien • Schrumpfungs-strategie	• Finanzierungs-strategien • Innovations-strategien • Personal-strategien • Produktions-strategien • Marketing-strategien	• Kosten • Qualität • Internationalisierung • Prozesse	• Marktdurchdringung • Marktentwicklung • Diversifikation • Produktentwicklung • Differenzierung • Nische • Kostenführerschaft	• Autonomie-strategie • Kooperations-strategie • Integrations-strategie

Tabelle 4: Strategiefelder

Es ist denkbar, dass ein Produkt oder ein Angebot mehrere Strategiearten durchläuft. Ist es neu auf dem Markt, wird es mit einer Wachstumsstrategie gepusht. In der Auslaufphase wird im Rahmen einer Desinvestitions- oder Abschöpfungsstrategie noch das letzte Quäntchen Profit aus dem Angebot herausgepresst. Auch Markt-

und Richtungsstrategie gehen ineinander über, soweit diese begriffliche Differenzierung überhaupt Sinn macht. (Ergänzende und vertiefende Hinweise hierzu finden Sie in Kapitel B.7.3 (»Ihr Weg über das Produkt-/Geschäftsfeld-Portfolio«.)

Vernetzte Systeme erfordern vernetzte Strategien

Da Unternehmen vernetzte Systeme sind, hat jede Entscheidung an der Spitze Wirkungen bis nach unten an die Basis. Manche Unternehmensstrategie ist von vornherein nicht umsetzbar, wenn nicht gleichzeitig technologische, personalpolitische oder finanzwirtschaftliche Veränderungen stattfinden: Ein Unternehmen ist wie ein vielgliedriges Getriebe, das gut geschmiert sein muss, sodass die Kraftübertragung funktioniert. Darum reicht es nicht, wenn Sie nur eine wohlklingende Strategie für den Wettbewerb formulieren, ohne die Teilfunktionen auszurichten, denn die Funktionalstrategien stehen mit allen anderen Strategiearten im engen Zusammenhang. Zieht man an dem einen Ende des Netzes, verformt sich das ganze Gebilde. (Von Teil C »So entwickeln Sie Ihre Funktionsbereichsstrategien« ausgehend werden die verschiedenen Strategiearten noch genauer betrachtet, nachdem Sie sich über die strategische Hauptstoßrichtung Ihres Unternehmens bewusst geworden sind.)

Als Ihr Strategiecoach bitte ich Sie, über diese Fragen nachzudenken:

Welche Strategiearten beziehungsweise -felder sind für Ihr Unternehmen relevant? In welche Richtung bewegt sich Ihre Strategie? Welche Funktionsbereiche sind strategisch wie ausgerichtet?

....

....

....

2.4 Strategische Planung und Kontrolle

Vom strategischen Management ist die strategische Planung abzugrenzen. Sie ist nur ein Teil des strategischen Managements, aber ein sehr wichtiger. Alles, was vor der Umsetzung der Strategie geschieht, gehört zur Planung. Erst danach beginnt das strategische Management.

Die strategische Planung besteht im Wesentlichen aus den in diesem Hauptabschnitt behandelten Punkten. Für den Erfolg Ihrer Planung ist aber die Umsetzung entscheidend. Daran misst man die Wirksamkeit des strategischen Managements. Darum wird sich das Management bemühen, die strategischen Orientierungen des Unternehmens im Tagesgeschäft nachhaltig zu verankern, um strategieumsetzende Handlungen auszulösen.

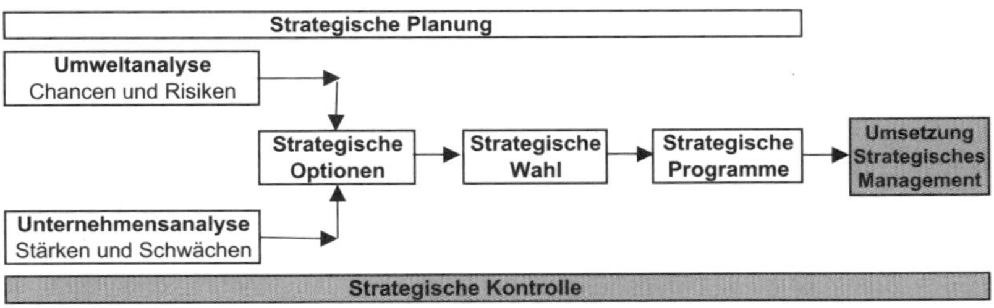

Abbildung 5: Strategische Planung

Zur vorgelagerten Planung gesellt sich später noch die nachgelagerte Kontrolle, mit der das gesamte strategische Management gesteuert wird.

2.5 Was unterscheidet die Unternehmenspolitik von der strategischen Planung?

Es herrscht zwar mittlerweile theoretischer Konsens darüber, was die Unternehmenspolitik im Vergleich zur strategischen Planung ausmacht, allerdings gelingt die Abgrenzung in der Praxis noch immer nicht eindeutig und die Begriffe werden oft synonym gebraucht.

Die Unternehmenspolitik bestimmt die Bereiche, in denen das Unternehmen tätig ist, welches die grundlegenden beziehungsweise übergeordneten Unternehmensziele sind und wie sich das Unternehmen in grundsätzlichen, das heißt wirtschaftpolitischen und gesellschaftlich relevanten Fragen verhält. Sie definiert also, zumindest dem Anspruch nach, die Rahmenbedingungen und Leitlinien für das Unternehmen unter Berücksichtigung der Ansprüche von Shareholdern und Stakeholdern. Ergänzend regelt sie gegebenenfalls die Art und Weise der Bewältigung von Interessenkonflikten nach innen und außen.

Unternehmenspolitik als Grundlage für die Strategie

Daraus folgt, dass sich die Unternehmenspolitik mit relativ abstrakten Grundsatzentscheidungen beschäftigt; sie ist insofern die Grundlage für die Strategie. Sie kann nicht durch zeitlich beschränkte Projekte und Maßnahmen umgesetzt werden, sondern dient eher als Richtschnur und Rahmenbedingung bei allen zukünftigen Entscheidungen und Handlungen. Insofern wird sie im kontinuierlichen Prozess umgesetzt.

Über den Wert solcher unternehmenspolitischer Grundsätze sagte der IBM-Gründer Watson einmal:

»Ich bin fest davon überzeugt, dass jedes Unternehmen, um zu überleben, um erfolgreich zu sein, einen soliden Bestand an Grundüberzeugungen braucht, von denen es sich bei allen Entscheidungen und Maßnahmen leiten lässt. Sodann glaube ich, dass der wichtigste Einzelfaktor für den Unternehmenserfolg das getreuliche Festhalten an diesen Überzeugungen ist. Und schließlich glaube ich, dass ein Unternehmen, wenn es die Herausforderungen einer Welt im Wandel bewältigen will, bereit sein muss, im Laufe seiner Entwicklung alles zu ändern, mit Ausnahme dieser Grundüberzeugungen.«

Die im folgenden Teil B »So entwickeln Sie Ihre Marktstrategie« behandelten Themenbereiche Grundwerte und Leitbild gehören in den Themenbereich Unternehmenspolitik, auch wenn sie dort unter dem Begriff strategisches Management behandelt werden.

Die folgende Tabelle verdeutlicht die Unterschiede zwischen der Unternehmenspolitik und dem strategischen Management.[9]

Unterscheidungs-merkmale	Unternehmenspolitik	Strategisches Management
Zweck und Ziel	Übereinstimmung, Konsens, Glaubwürdigkeit erzielen	Leistung, Effektivität, Erträge und Wettbewerbsfähigkeit sichern sowie Steigerung des Unternehmenswertes
Zeitraum	langfristig bis unbestimmt	definierter Zeitraum
Konkretisierung	allgemein und ggf. diffus formuliert	konkret, Soll-Ist-fähig
Inhalt	Werte, Normen, Prinzipien	Ziele, Zahlen, Wege und Mittel
Aufgaben	Verständnis und Glaubwürdigkeit	Wettbewerbsfähigkeit sichern, Unternehmenswert steigern
Adressaten	Anspruchsgruppen (Aktionäre, Kunden, Gläubiger, Gesellschaft)	Führungskräfte, Mitarbeiter

Tabelle 5: Unterschied zwischen Unternehmenspolitik und strategischem Management

Bitte verfallen Sie nicht dem Irrtum, Unternehmenspolitik sei nur etwas für Großunternehmen. Bei klein- und mittelständischen Unternehmen ist es oft der Chef, der mit seiner Persönlichkeit im positiven wie im negativen Sinne die Unternehmenspolitik verkörpert. Aber diese haben nicht den Bekanntheitsgrad wie der Chef der dm-Drogeriekette Götz Werner, der für sein gesellschaftlich-soziales Engagement mehrfach ausgezeichnet wurde, oder der Patentesammler Artur Fischer (1.080 Patente), Gründer der Fischerwerke.

---

9. Vgl. Peter Ulrich: *Wirtschaftsethik und ökonomische Rationalität*, St. Gallen 1987 (Forschungsstelle für Wirtschaftethik).

3. Strategische Vorgehensweisen: Vom Markt oder von den Kompetenzen her?

Die unterschiedlichen Sichtweisen der Menschen wirken bis in die strategische Planung hinein. Manchen erscheint die Welt als kaum planbar, andere sehen sie als ein festes Räderwerk. Die Suche nach besseren Lösungen und Methoden für die Unternehmensführung führte zum Entstehen zahlreicher Strategieempfehlungen und Konzepttools. Dabei änderten sich die Schwerpunkte und Perspektiven im Laufe der Zeit.

Marketingfachleute glaubten bis in die achtziger Jahre hinein, mit dem richtigen Produkt und Marktsegment erfolgreich zu sein. Den Erfolg suchten sie auf dem Schlachtfeld des Wettbewerbs, wo sie ihn oft auch fanden. Unternehmensexterne Faktoren, wie etwa der Wettbewerbsvorteil oder die Marktführerschaft, waren die Kristallisationspunkte. Es galt die Meinung, eine Strategie müsse fünf Jahre lang gelten. Doch Mitbewerber imitierten erfolgreiche Produkte und Marketingkonzepte. Die Japaner betraten die globale Wirtschaftsbühne. Außerdem wurden Produkte und Leistungen immer ähnlicher, sodass der Kunde die nur sehr geringen Produkt- oder Leistungsunterschiede kaum noch wahrnahm.

Präskriptiv oder deskriptiv?

Zwei Hauptrichtungen schälten sich in der Unternehmenspraxis, der Unternehmensberatung und Wissenschaft seit den frühen sechziger Jahren heraus:

- der präskriptive Ansatz und
- der deskriptive Ansatz.

In den prädiskriptiv-normativen Ansätzen werden »verbindliche« Handlungsempfehlungen zur Strategieformulierung gegeben. Es handelt sich um Gebrauchsanweisungen, die ein Schema zur Zielsetzung, Strategieformulierung und -umsetzung beinhalten. Die Strategiefindung wird als wohlüberlegter Denkvorgang mit einer logischen sequenziellen Abfolge klar definierter Phasen betrachtet. Zwei wichtigen Vertreter dieser Schule, Ansoff und Porter, werden Sie in diesem Buch immer wieder begegnen.

In den empirisch-deskriptiven Ansätzen wird eher danach gefragt, wie das Unternehmen tatsächlich zur Strategie kommt. Die Anhänger dieser Schule gehen von folgenden Prämissen aus:

- Strategiefindungsprozesse verlaufen nicht linear, sondern unterliegen Rückwirkungen, die zu Neuwirkungen führen.
- Strategien kann man nicht deterministisch planen. Sie unterliegen ständigen Anpassungszwängen.
- Führungskräfte brechen strategische Entscheidungs- und Handlungsprozesse ab, sobald sie eine zufriedenstellende Alternative gefunden haben. Sie orientieren sich nicht an Zukunftszielen, sondern greifen zu marginalen Anpassungshandlungen, Schritt für Schritt. Realisierbare Möglichkeiten dominieren gegenüber langfristigen Zielsetzungen.
- Es bestehen nur selten einheitliche Zielsetzungen, da im Unternehmen unterschiedliche Zielsetzungen verfolgt werden.
- Die letztlich umgesetzte Strategie stimmt oft nicht mit der ursprünglich intendierten Strategie überein.
- Der hohe Zeitdruck macht ein kontinuierlich verlaufendes Strategieprojekt unmöglich.

Aus den Erkenntnissen werden dann Gestaltungsempfehlungen für die Strategiearbeit abgeleitet.

Die Vertreter dieser Sichtweise sind unter anderem Hamel und Prahalad sowie Mintzberg. Auch diesen Namen werden Sie im Laufe der Lektüre dieses Buches immer wieder begegnen.

Der Perspektivwechsel von innen nach außen

Auch durch den billigeren Bezug von Rohmaterialien, Werkzeugen und Dienstleistungen waren Wettbewerbsnachteile nicht mehr kompensierbar. Darum versuchte man von den neunziger Jahren an, die Leistung von Mitarbeitern oder Abteilungen zu optimieren. Leistungsreserven entdeckte man zunehmend in der eigenen Organisation, hier insbesondere in den Abläufen.

	Marktorientierter Ansatz	**Kernkompetenzenbezogener bzw. ressourcenorientierter Ansatz**
Denkfigur	Unternehmung als Portfolio von Geschäften	Unternehmung als Reservoir von Fähigkeiten und Ressourcen
Allgemeine Zielsetzung	Wachstum durch Cashflow-Balance im Laufe des SGE-Lebenszyklus	Nachhaltiges Wachstum durch Entwicklung, Nutzung und Transfer der Kernkompetenzen
Konkurrenzgrundlage	Produktbezogene Kosten- oder Differenzierungsvorteile	Aufbau und Ausnutzung von unternehmungsweiten Kompetenzen
Konzepte	5-Kräfte-Modell von Porter, Produktlebenszyklus, Erfahrungskurve	Wertkettenmodell von Porter, Kernkompetenzen, Wissensmanagement
Erfolgsgrundlagen	Erfolg resultiert aus der Marktposition, die gegen den Wettbewerb schützt, sowie aus dem richtigen strategischen Verhalten.	Erfolg resultiert auf der Befähigung und Lernfähigkeit der Organisation sowie aus der Qualität der Ressourcen.
Perspektive	Von außen nach innen	Von innen nach außen
Strategiefokus	Tendenziell defensiv: Ausbau und Verteidigung bestehender Geschäfte und Anpassung der Strategie an Wettbewerbskräfte (= strategischer Fit)	Tendenziell offensiv: durch Kompetenztransfer Weiterentwicklung alter und Aufbau neuer Produkte bzw. Märkte; offensive Beeinflussung der Wettbewerbskräfte (Stretch)

Charakter des strategischen Vorteils	• zeitlich befristet, erodierbar • geschäftsspezifisch • wahrnehmbar	• dauerhaft, schwer angreifbar • transferierbar in andere Geschäfte • verborgen (tacit knowledge)
Planungshorizont	eher kurz- und mittelfristig	betont langfristig

Tabelle 6: Vergleich von markt- und ressourcenorientierter Sicht im strategischen Management (vgl. Gary Hamel/Coimbatore Prahalad: »The Core Competence of the Corporation«, in: *Harvard Business Review* Nr. 68/1990, S. 86)

Unter diesen Bedingungen wurden die internen und externen Abläufe immer bedeutender für den Erfolg oder Misserfolg der Unternehmen. Gut gestaltete Prozesse sind im Gegensatz zu Produkten nur schwer imitierbar. Es setzte ein Wandel vom vertikalen Funktionsmanagement hin zum horizontalen Prozessmanagement ein. Der natürliche Arbeitsablauf trat an die Stelle einer künstlich auferlegten Linearität, wie man sie von Organigrammen her kennt. Zwei Aspekte rückten dabei in den Mittelpunkt strategischer Überlegungen: die Erwartungen des Kunden und die volle Ausschöpfung des internen Know-hows der Mitarbeiter auf einem gut gedüngten unternehmenskulturellen Humus.

3.1 Der Blick von außen nach innen: der marktorientierte Ansatz

Einer der bekanntesten Verfechter dieses Ansatzes ist Michael Porter von der Harvard Business School, der auch seine theoretischen Grundlagen schuf. Er empfiehlt eine »Outside-in«-Sichtweise. Das bedeutet, es findet eine Betrachtung des Marktes statt und mithilfe dieser Erkenntnisse wird die Unternehmung hinsichtlich ihrer Produkte, Funktionen, Preise und so weiter ausgerichtet. Man könnte auch sagen, dass der Markt der Unternehmung vorgibt, was sie zu tun hat. So sieht Porter die Hauptaufgabe des Unternehmens darin, Marktnischen zu finden, wenn es ihm nicht gelingt, durch Produktdifferenzierung eine höhere Gewinnspanne zu erzielen oder Markteintrittsbarrieren zu errichten. (Ergänzende und vertiefende Hinweise hierzu finden Sie in Kapitel B.7.2 »Ihr Weg über die Kostenführererschaft, Differenzierung oder Nischensuche«.)

Die Literatur verwendet für dieses Vorgehen den Begriff Marktfokussierung. »Outside-in« bedeutet somit, dass Impulse, die ihren Ursprung außerhalb der Unternehmung haben. verursacht durch Kunden beziehungsweise Abnehmer, Konkurrenten, Lieferanten und Substitutionsprodukte (Ersatzprodukte), in die Unternehmung hineinwirken und diese grundlegend beeinflussen.

3.2 Der Blick von innen nach außen: das Konzept der Kernkompetenzen

Nach dieser Sichtweise ist Ihr Unternehmen ein Bündel von Ressourcen. Hier findet eine Ressourcenfokussierung, also eine »Inside-out«- Betrachtung statt. Sie orientieren sich bei dieser Strategie nicht primär an den derzeitigen Marktbedingungen, sondern analysieren die unternehmungsinternen Fähigkeiten und Kenntnisse. Der Grund: Langfristiger Unternehmenserfolg ist weniger durch das Branchen- und Marktgeschehen geprägt als durch spezifische Unternehmensmerkmale. Hieraus entwickeln Sie dann Ihre Unternehmungsstrategie. Mit anderen Worten: Sie tun das, was Sie am besten können, und versuchen, hiervon ausgehend, Wettbewerbsvorteile zu erzielen. Wenn diese Fähigkeiten nicht oder nur schwer imitierbar sind, spricht man von Kernkompetenzen. Zu den immateriellen Ressourcen gehören unter anderem der Wert Ihrer Marke, die Reputation Ihres Unternehmens, organisatorische Vorsprünge, Patente, Unternehmenskultur, also sogenannte »intangible Assets«.

In diesem Konzept besteht die Hauptaufgabe darin, die Kernkompetenzen zu erkennen, zu fördern und ständig auszubauen. Diese Kernkompetenzen sind entscheidend verantwortlich für den Erfolg der Unternehmung. Wichtig hierbei ist, dass es sich um eine langfristige und zukunftsbezogene Sichtweise handelt, da der Auf-

und Ausbau von Kernkompetenzen längere Zeit in Anspruch nimmt. Ein schnelles und wiederholtes Auf- und Abspringen vom fahrenden Zug ist deshalb nicht möglich.

Dieses Konzept achtet also nicht nur auf die gegenwärtige Gewinn- und Kostenentwicklung, sondern versucht, auch die zukünftige Erfolgsposition zu berücksichtigen und zu beeinflussen. Die Väter dieses Ansatzes, die Professoren Gary Hamel (Business School London) und Coimbatore Prahalad (University of Michigan), meinen, es sei nicht die eigentliche Aufgabe des Unternehmens, die richtigen Mittel zum richtigen Zeitpunkt einzusetzen, so wie es die traditionelle Strategielehre sieht, sondern Ziele zu setzen, die das Unternehmen darüber hinausführen. Zum Beispiel könnte dies durch die Erschließung und »Erfindung« von neuen Märkten mithilfe innovativer Produkte geschehen. (Ergänzende und vertiefende Hinweise hierzu finden Sie in Kapitel B. 4.2 »Kennen Sie Ihre Kernkompetenzen?«.)

»Sowohl als auch« statt »entweder oder«

In der zweiten Hälfte des Jahrzehnts erkannte man immer mehr, dass das Konzept der Kernkompetenz und der marktorientierte Ansatz für sich allein genommen keine Erfolgsgarantie bieten. Es kommt heutigen Erkenntnissen zufolge vielmehr darauf an, beide Aspekte zu berücksichtigen oder, um es mit den Worten des deutschen Managementexperten Prof. Hermann Simon zu sagen: »Eine gute Unternehmensstrategie muss immer externe Chancen und interne Ressourcen miteinander verbinden.«[10]

Festzuhalten ist, dass diese beiden Konzepte unterschiedliche Prioritäten und Akzente setzen. Doch diese müssen sich nicht ausschließen, etwa so wie bei einer Glühbirne, die nur »an« oder »aus« kennt. Die beiden Ansätze könnten Hand in Hand marktorientiert unter Nutzung der Kernkompetenzen vorgehen und so die Vorteile beider strategischen Ansätze verbinden.

---

10. Hermann Simon: *Das große Handbuch der Strategiekonzepte: Ideen, die die Businesswelt verändert haben*, Frankfurt/M. 2000 (Campus), S. 10.

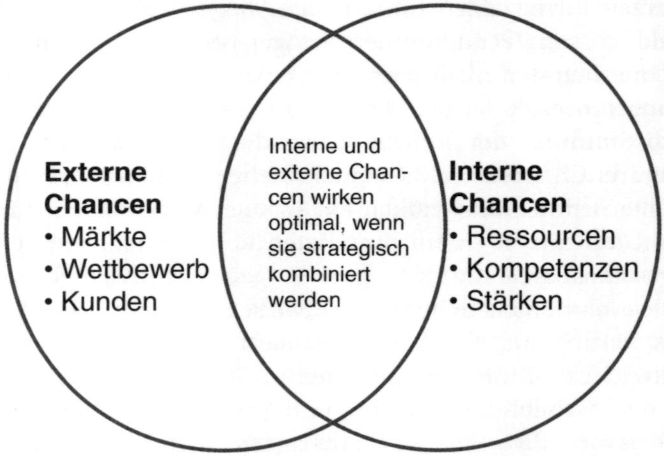

Abbildung 6: Die notwendige Synthese von internen und externen Chancen

3.3 Das Konzept der evolutionären Entwicklung

Theoretiker und Praktiker diskutieren seit geraumer Zeit darüber, ob und inwieweit strategische Planung und Unternehmensführung im Zeitalter schnelllebiger, undurchschaubarer, globaler und turbulenter Märkte noch greift. Zehnjahresplanungen werden oft schon im Frühjahr von der Entwicklung in Wirtschaft, Gesellschaft und Politik eingeholt. Ein neuer 11. September oder ein erschütternder UNO-Report zur Situation des Weltklimas löst Dringlichkeitsanträge an den Strategieplan aus.

Turboschnelle und plötzliche Veränderungen oder gar »soziale Mutationen« erschweren die Planung, Steuerung und Kontrolle von Organisationen. Entwicklungen, die sich früher über Jahrzehnte hinwegzogen, vollziehen sich heute in einigen Monaten. Diese Zeitschrumpfung erschwert strategisches Management oder macht es gar unmöglich. Fünf- und Zehnjahrespläne mit exakten Bestimmungen der Zwischenziele beruhen auf einem linearen Strategieverständnis, bei welchem der Weg von der Vision über Planungen und Entscheidungen, Handlungen und Kontrollen zu (möglichst) schwarzen Bilanzzahlen führen soll. Aber in einem dynamischen Umfeld, dessen Trends immer weniger bestimmbar sind, können sich Unternehmen nicht mehr den Luxus eines akribisch genauen Planungsprozesses leisten. Sie benötigen eine Strategie, bei der die Feinabstimmung der Reflexe sowie die Suche und der Aufbau temporärer Chancen im Mittelpunkt stehen. Daraus folgt, dass auch ein Unternehmen letztendlich ein sich selbst organisierendes System ist, das nur in einem begrenzten Rahmen planbar, steuerbar und gestaltbar ist.

Die evolutionstheoretische Sichtweise des strategischen Managements beruht auf der Annahme, dass sich die Ordnung einer Gesellschaft und ihrer Institutionen im Wesentlichen nicht als das Ergebnis menschlicher Planung und Steuerung darstellt. Diese ist eher das vorläufige Ergebnis vorheriger Handlungen, genauer, des interessenbezogenen Zusammenwirkens von direkt und indirekt beteiligten Personengruppen. In Unternehmen kann das Management in der Rolle des Katalysators lediglich Rahmenbedingungen schaffen, die sich positiv auf den betrieblichen Transformationsprozess auswirken.

Selbstorganisation steigert die Anpassungsfähigkeit

Hier setzt die Idee des »evolutionären Managements« an. Demnach ist ein Unternehmen ähnlichen Entwicklungsprozessen ausgesetzt wie die Natur. Aus diesem Grunde sollten Organisationen bestrebt sein, ihre Anpassungsfähigkeit auf der Basis weitgehender Selbstorganisation zu erhöhen. In einem sich selbst organisierendem System können Veränderungen schneller vollzogen werden als in einem hierarchisch strukturierten Großunternehmen. Spontan handlungsfähige Ordnungssysteme weisen eine wesentlich höhere Anpassungsfähigkeit an komplexe Geschehnisse auf, als dies bei starr geplanten Organisationen der Fall ist. Ihre Komplexitätsbewältigungskraft ist größer. Organisationen sollten demnach eher »ungefähr gesegelt« als präzise gesteuert werden – oder anders ausgedrückt: Die Hauptaufgabe des Managements besteht darin, die Herde ohne genauen Fixpunkt in Richtung Westen zu treiben.

Bei dieser Sichtweise strategischen Managens muss man aber genau unterscheiden zwischen komplexen Großunternehmen einerseits und noch überschaubaren Klein- beziehungsweise Mittelstandsunternehmen andererseits. Letztere haben einen enormen Nachholbedarf an Management, strategisch konzeptionell als auch instrumentell. Hier leistet das strategische Management als Kompass, Sextant und Nachtsichtgerät wichtige Dienste.

Aber auch beim evolutionären Management handelt es sich letztendlich um strategisches Management, denn Selbstorganisation und -steuerung zielen darauf, das langfristige Überleben des Unternehmens zu sichern. Es handelt sich um ein Strategiemodell für megakomplexe Organisationen, die nicht mehr steuerbar und darum eher indirekt über Werte und Normen zu führen sind. Bewegt man sich aber in diesen Megaorganisationen in Basisnähe, in Tochterunternehmen oder in Geschäftseinheiten, stößt man sehr wohl wieder auf strategische Säulen, die als Businessstütze dienen.

4. Strategische Metakonzepte

»Das kann ich auch« könnte ebenfalls Ihr strategisches Erfolgsrezept sein. Ryanair hat Erfolg mit Billigflügen, IKEA mit Mitnahmemöbeln, Aldi mit Pappkartonware, Dell mit dem Zusammenbau von Computerteilen, 3M mit kreativen Mitarbeitern. Diese Unternehmen praktizieren bestimmte Prinzipien, die sich als erfolgreich erwiesen haben. Dafür wird hier der Begriff »strategische Metakonzepte« verwendet.

Es gibt viele Rezeptbücher, in denen die richtige Strategiemixtur beschrieben wird. Einige sind feuilletonistisch gut geschrieben, so beispielsweise das Buch von Gertrud Höhler, *Spielregeln für Sieger*, andere sind empirisch fundiert, wie die nachfolgend skizzierten. Viele versprechen nicht einfach nur Erfolg, sondern gleich Quantensprünge. Hier ist also die Spreu vom Weizen zu trennen. Drei bekannte Beispiele mögen reichen, um die Vielfalt solcher Modelle zu illustrieren.

McKinseys 7-S-Modell

Die Diskussion um die wirksamsten Erfolgsrezepte wurde mit dem 7-S-Modell von McKinsey eingeleitet. Es entstand in den siebziger Jahren in der Diskussion um den Wert japanischer Führungstechniken. Hierbei handelt es sich um eine implizite Kritik an vielen mathematisch-analytischen Führungsmodellen, welche die weichen Führungsfaktoren negieren.

Die sieben S stehen für: Struktur, Strategie, Systeme, Selbstverständnis, Stil, Stammpersonal und Spezialkenntnisse. Die Hauptthese dieses Konzepts lautet, dass sich unternehmerischer Erfolg aus der Wechselwirkung dieser sieben Faktoren ergibt. Aber nicht alle S-Elemente sind gleichbedeutend. Die drei »harten S« (Struktur, Strategie und Systeme) sind zwar wichtig, aber für eine innovative Unternehmenskultur und die Idee des »Productivity through people« spielen die »weichen S« (Stammpersonal, Stil, Spezialkenntnisse und Selbstverständnis) eine wichtigere Rolle. Dennoch betont das Modell die Vernetzung aller Faktoren.

Peters und Waterman: *Auf der Suche nach Spitzenleistungen*

Thomas J. Peters und Robert H. Waterman, die damaligen Statthalter von McKinsey in San Francisco Anfang der achtziger Jahre haben das 7-S-Modell fortgeschrieben. In ihrer empirisch fundierten Erfolgsanalyse ermittelten sie auf der Grundlage von 45 ausgesuchten Spitzenunternehmen diese acht strategischen Grundtugenden für ein erfolgreiches Unternehmen:[11]

1. Primat des Handelns
2. Nähe zum Kunden
3. Freiraum für Unternehmertum
4. Produktivität durch Menschen
5. Sichtbar gelebtes Wertesystem
6. Bindung an das angestammte Geschäft
7. Einfache Organisation
8. Straff-lockere Führung

Hermann Simon: *Die heimlichen Gewinner*

Das Buch von Hermann Simon *Die heimlichen Gewinner*[12] ist ein reicher Fundus an Ergebnissen, Erkenntnissen und Vorschlägen für das strategische Management. Darin werden die Erfolgsprinzipien von 500 deutschen Mittelunternehmen analysiert, die fast im Verborgenen agieren und ihren eigenen erfolgreichen Weg gehen, statt sich an den ganz großen Unternehmen zu orientieren. Der besondere Wert dieses Buch besteht weniger in der »Extrahierung« von Erfolgsprinzipien, die nicht so sehr neu sind, sondern in der empirischen Fundierung am Beispiel deutscher Unternehmen. Trotzdem lohnt es sich, einen Blick auf die »Rezepte« der deutschen

11. Vgl. Thomas J. Peters/Robert H. Waterman: *Auf der Suche nach Spitzenleistungen: Was man von den bestgeführten US-Unternehmen lernen kann*, Frankfurt/M. 2004 (Redline).
12. Vgl. Hermann Simon: *Die heimlichen Gewinner*, Frankfurt/M. (Campus) 1996.

Spitzenreiter zu werfen. Sie verfügen über keine Wunderwaffen oder Geheimrezepte, sondern handeln nach diesen zehn Grundsätzen:

1. Sie streben Marktführerschaft an. Ihr erklärtes Ziel ist es, auf ihrem speziellen Teilmarkt die Nummer eins zu sein oder zu werden.
2. Den Markt nehmen sie nicht als gegeben hin, sondern gestalten ihn durch ihr Handeln: »Für viele ›Hidden Champions‹ bedeutete Innovation die Schaffung eines neuen Marktes.«
3. Sie sind global orientiert und in ihren Zielmärkten präsent. Produktinnovationen werden mit Blick auf den Weltmarkt entwickelt, um so ihr Potenzial voll ausschöpfen zu können.
4. Da die Kunden ein wichtiger Ideenlieferant für Innovationen sind, erfreuen sie sich intensiver Kundenpflege.
5. Dank ständiger Innovationen bei Prozessen und Produkten, bei denen es sich oftmals sogar um Durchbruchneuerungen handelt, bleiben sie an der Spitze.
6. Sie halten die Balance zwischen Markt und Technik und nutzen beides als Antriebskraft. So gelingt es ihnen, interne Kompetenzen und externe Marktchancen produktiv zu vereinigen.
7. In puncto Produktqualität und Service haben sie die Nase vorn.
8. Sie vertrauen auf ihre eigenen Kräfte. Darum gehen sie nur ungern Kooperationen und strategische Allianzen ein.
9. Sie achten darauf, dass sie mehr Arbeit als (Wasser-)Köpfe haben. Die gut ausgesuchten »Köpfe« zeichnen sich durch hohe Motivation und Identifikation aus.
10. Ihre Führungskräfte sind autoritär, wenn es darum geht, Grundwerte zu wahren, aber partizipativ im Detail. Die Notwendigkeit zur Innovation ist in den Unternehmensgrundsätzen klar beschrieben und drückt sich in der Unternehmenskultur aus.

Hermann Simon betont, dass es überall auf der Welt »heimliche Gewinner« gibt. Man findet sie auch unter den ganz kleinen und mittleren Unternehmen, auf allen Märkten, selbst auf lokalen. Egal, ob groß oder klein, Ihre Strategien weisen bemerkenswerte Ähnlichkeiten auf.

Strategische Rahmenmodelle

Während strategische Empfehlungsmodelle Ratschläge im Sinne von »Tu dies« und »Lass das« geben, bieten Rahmenmodelle nur Systeme, Methoden und Werkzeuge, die Ihnen ein »Do it yourself« Ihres strategischen Managements ermöglichen. Es handelt sich um mehr oder weniger allgemeingültige Schemata zur Unternehmensanalyse, Zielfestlegung, Strategiefindung und -steuerung, so wie Sie sie auch in diesem Buch vorfinden.

5. Strategische Gesetzmäßigkeiten

Die in Theorie und Praxis vorliegenden Strategieempfehlungen und -konzepte sind vielfältig und unterschiedlich. Sie alle beanspruchen, »den richtigen« Weg zum Unternehmenserfolg zu weisen, aber auf unterschiedlichen Pfaden. Doch trotz der Unterschiede in den Grundpositionen akzeptieren die verschiedenen Strategieschulen, dass es strategische Gesetzmäßigkeiten gibt, die den Erfolg einer Strategie maßgeblich beeinflussen. Diese strategischen Gesetzmäßigkeiten sind das Ergebnis allgemein anerkannter Erfahrung und betriebswirtschaftlicher Forschung. Sie als Entscheider sollten diesen Strategiemodellen nicht unkritisch glauben, aber Sie sollten sie auch nicht ignorieren. Wenn Ihnen der Kuchen nicht schmeckt, dann picken Sie sich einfach die Rosinen heraus!

5.1 Die Erkenntnisse der Profit-Impact-of-Market-Strategiestudie (PIMS)

Das bekannteste Modell strategischer Gesetzmäßigkeiten ist das Profit-Impact-of-Market-Strategieprojekt (dt.: »Gewinnauswirkung von Marktstrategien«) des »Strategic Planning Institute« (Cambridge/USA). Zwischen 1970 bis 1983 nahmen etwa 3.000 selbstständige Geschäftseinheiten aus etwa 200 Großunternehmen an den Befragungen teil und lieferten unter anderem erfolgsrelevante Geschäftsdaten zu Gewinn- und Verlustrechnung, Wettbewerbsposition, Produktionsstruktur, Marktanteil, Innovationsaktivität und so weiter.

Die PIMS-Studie zeigte immer wieder, dass

1. ein hoher Marktanteil positiv auf den Cashflow und die Rentabilität wirkt. Begründung: Je höher der Marktanteil, desto größer ist die Produktionsmenge und geringer die Stückkosten. Außer-

dem lassen sich mit wachsendem Marktanteil bessere Einkaufspreise bei Lieferanten erzielen.

2. eine hohe Produktqualität positiv mit dem Return on Investment (= Gewinn ÷ gebundenes Kapital) korreliert. Begründung: Hochwertige Produkte ermöglichen höhere Preise und bewirken eine größere Kaufbereitschaft der Kunden. Als Folge hiervon steigt die Verkaufsmenge, was wiederum günstig auf den Marktanteil wirkt.
3. eine hohe Investitionsintensität negativ auf die Rentabilität wirkt. Begründung: Mit steigender Investitionsaktivität steigt das Abschreibungsvolumen, was zu sinkenden Gewinnmargen führt. Außerdem muss ein hohes Anlagevermögen dazu genutzt werden, die Ausbringungsmenge zu steigern. Das kann unter Umständen zu Preissenkungen zwingen.

5.2 Kostensenkung durch die Erfahrungskurve

Das können Sie aus eigener Erfahrung bestätigen: Wenn Sie eine Arbeit häufiger ausführen, steigt die Qualität, während sich der Zeitaufwand verringert. Das senkt die Kosten. Bei einer Verdoppelung der Produktionsmenge können Sie 20 bis 30 Prozent Arbeitszeit beziehungsweise der Wertschöpfungskosten sparen. Darum ist es vorteilhaft, große Marktanteile zu gewinnen, wie im Fall der PIMS-Studie beschrieben, denn ein hoher Output wirkt kostensenkend.

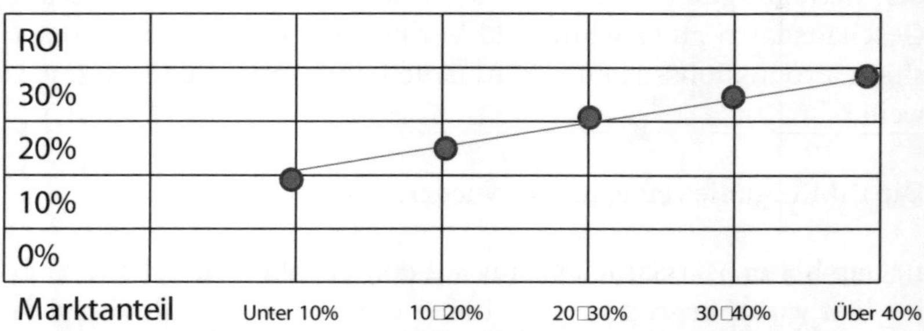

Abbildung 7: Der Zusammenhang zwischen Marktanteil und Rentabilität

Die Wirkung der Erfahrungskurve hängt natürlich stark von der Branche ab. Sie gilt im stärkeren Maß bei einem Großserienhersteller als bei einem Sondermaschinenbauer. Im Dienstleistungssektor und Handel ist sie kaum nachzuweisen.

5.3 Die Wirkungen der Lebenszyklusanalyse

Können Sie sich noch an die 1,4-MB-Disketten erinnern? Es gibt sie kaum noch. Abgelöst wurden sie von den CD-ROMs. Man verwendet sie zwar noch, aber an ihre Stelle treten immer mehr USB-Sticks mit großer Speichermenge. Die Hersteller solcher Speichermedien sind ständig mit Lebenszyklusanalysen beschäftigt, denn die Lebensdauer ihrer Produkte, Marken, Branchen oder Märkten ist begrenzt. Sie benötigen ständig aktuelle Informationen, um daraus rechtzeitig Schlussfolgerungen für die strategische Marktbearbeitung zu ziehen.

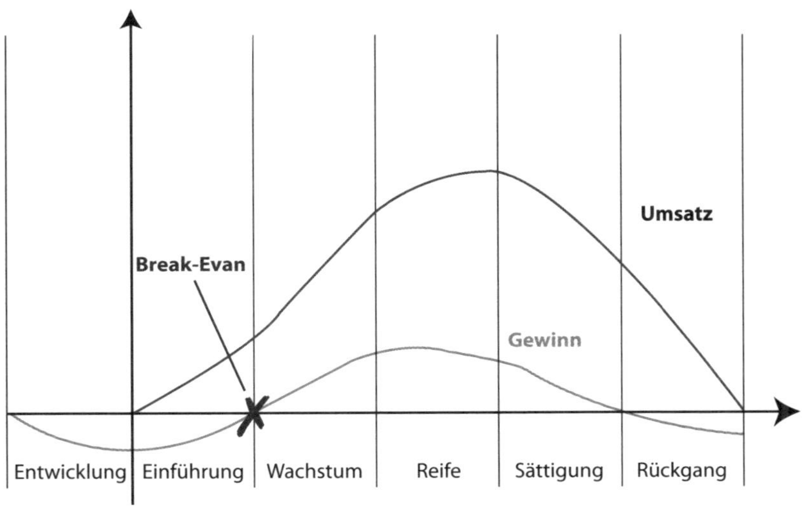

Abbildung 8: Verlaufsbeispiel zur Lebenszyklusanalyse

Auch Sie sollten bei Ihren strategischen Überlegungen bedenken, dass Ihre Produkte/Angebote vergleichbar dem Menschen verschiedene Lebensalter durchlaufen. Es handelt sich um folgende Stadien:

In der *Einführungsphase* müssen Sie Ihren Markteintritt durch Werbung und Produktpolitik befördern, das heißt durch die Definition der Angebots-/Produkteigenschaften, Garantie- und Serviceleistungen, Markenbildung sowie Programmgestaltung. So wirken Sie auf Ihre potenziellen Kunden ein, Ihr Angebot nachzufragen. Das ist unter anderem deshalb sehr wichtig, weil in dieser Phase die Stückkosten sehr hoch sind, da noch nicht die für den Break-even notwendige Menge erreicht wurde.

In der *Wachstumsphase* steigen Gewinn und Cashflow. Die Stückzahlen wachsen, unter anderem als Folge Ihrer intensiven Werbung.

In der *Reifephase* müssen Sie durch Preispolitik den Markteintritt von Nachahmern verhindern. Neue Konkurrenten mit günstigeren Preisen dringen auf den Markt. Das zwingt Sie gegebenenfalls, den Preis zu senken, auch deshalb, weil das Kundeninteresse mehr und mehr abnimmt.

In der *Sättigungsphase* ist Ihr Angebot/Produkt mittlerweile veraltet oder billigere Mitbewerber haben den Markt besetzt. Am besten reduzieren Sie Ihre Marketingaktivitäten und schöpfen den weniger gewordenen Gewinn ab. Sie lassen nun Ihr Angebot/Produkt entweder auslaufen oder ändern es durch Produktvariation beziehungsweise Produktinnovation so sehr, dass ein *Neustart* möglich wird. Dies markiert gleichzeitig den Beginn eines neuen Angebots-/Produktlebenszyklus (des variierten Produkts).

Auf der Basis dieser Lebenszyklen, die natürlich je nach Angebot/Produkt und Branche variieren, ist es Ihnen möglich, die Position Ihres Angebots beziehungsweise Ihrer Branche zu bestimmen und strategische Maßnahmen abzuleiten. In Kapitel B.7.3 (»Ihr Weg über das Produkt-/Geschäftsfeld-Portfolio«) und bei der Preispolitik im Rahmen der Marketingstrategie in Kapitel D.4 kommen wir bei der Darstellung der Portfoliomodelle nochmals auf diesen Aspekt zurück.

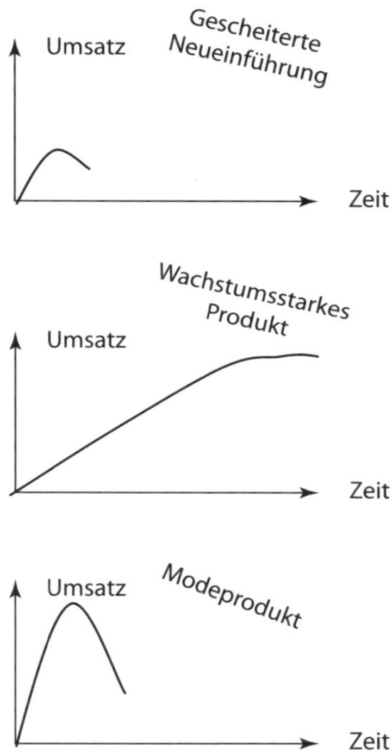

Abbildung 9: Mögliche Verläufe des Lebenszyklus

B. So entwickeln Sie Ihre Marktstrategie: ein Leitfaden in acht Schritten

In diesem Hauptabschnitt werden Sie Schritt für Schritt in die Entwicklung Ihrer Marktstrategie eingeführt. Am besten lassen Sie sich an die Hand nehmen und gehen die einzelnen Schritte mit mir mit, bearbeiten die Beispielaufgaben und erstellen so den Bauplan für Ihr Strategieprojekt. Die einzelnen Etappen basieren auf diesen drei strategischen Grundfragen:

- Wo stehen wir heute?
- Wohin wollen wir bis wann?
- Wie gelangen wir dorthin?

Obwohl dieses Buch eher den Charakter eines Rahmens hat, den Sie mit strategischen Inhalten füllen, habe ich hin und wieder den theoretischen Bezug hergestellt, um Ihnen das Verständnis zu erleichtern. Oft ist die Theorie von heute die Praxis von morgen. Aber bitte beachten Sie auch hier: Dieses Buch folgt nicht der Aufbaulogik von Lehrbüchern, sondern ist ein Leitfaden für Ihren Do-it-yourself-Strategieplan.

1. Was ist Ihr Geschäft? Zur Notwendigkeit einer exakten Definition

Kennen Sie Ihr Geschäft? Was für eine verrückte Frage, denken Sie. Vielleicht macht es mehr Sinn, Sie so zu fragen: Was ist Ihr Geschäft? Versuchen Sie es einmal mit einer eigenen Definition. Solche Geschäftsfelddefinitionen sind oft der Schlüssel für den Geschäftserfolg oder -misserfolg. Hierzu einige Beispiele.

Hätte man die amerikanischen Eisenbahnchefs etwa um 1940 herum gefragt, was ihr Geschäft sei, dann hätte die Antwort gelautet: die Eisenbahn. Diese Antwort war richtig und falsch zugleich. Natürlich nennt man ein schienengebundenes Unternehmen Eisenbahn. Zu dieser Zeit verdiente man Geld auf der Schiene, auf der das »Produkt« Eisenbahn rollte.

Ein Stratege hätte vielleicht so geantwortet: »Wir bieten Dienstleistungen im Bereich der Personenbeförderung an.« Mit dieser eher bedürfnisorientierten Sichtweise wäre eventuell das Geschäftsfeld Flugreisen oder auch Busreisen ins Visier geraten.

Denkbar wäre auch eine kompetenzbasierte Antwort, etwa so: »Wir sind Fachleute für die technische und logistische Seite von Transporten aller Art.« Diese Definition blieb dem Gründer von UPS vorbehalten.

Ihr Unternehmen als Chancenplattform

Auch andere Unternehmen und andere Branchen machten den Fehler, ihr Geschäftsfeld sehr eingeengt zu definieren und damit ihre Marktchancen einzuengen. Aber nirgendwo steht geschrieben, dass Tchibo nur Kaffee oder eine Tankstelle nur Treibstoff und Motorenöl verkaufen darf. An Treibstoff verdienen die Pächter kaum etwas, eher an Brötchen und Zeitschriften. Fragen Sie darum nicht danach, was Sie können, sondern was Sie *außerdem noch* könnten.

Sie sollten Ihr Unternehmen, Ihren Laden, Ihre Werkstatt oder Ihre Praxis einmal aus diesen Blickwinkeln definieren:

Vom Produkt/Angebot her: Produktorientierte Definition

- Was stellen wir her?
- Was bieten wir an?

Vom Kundenbedürfnis her: Bedürfnisorientierte Definition

- Welches Kundenbedürfnis befriedigen wir?

Von der Kompetenz her: Kompetenzorientierte Definition

- Was können wir besonders gut?

Unternehmensart	Produktorientierung	Bedürfnisorientierung	Kompetenzorientierung
Parfumhersteller	Wir stellen Parfums her.	Wir geben Frauen Selbstbewusstsein.	Wir sind Experten für die Umwandlung von Chemikalien in Lifestyle.
Kreditinstitut	Wir verleihen Geld.	Wir sind eine Mittelstandsbank.	Wir sind Spezialisten für alles, was mit Geld zu tun hat.
Verlag	Wir stellen Fachbücher her.	Wir produzieren und verbreiten Fachinformationen.	Wir informieren und qualifizieren Menschen.

Tabelle 7: Beispiele für Zweckdefinitionen

In Kapitel B.2.1 (»Ihre persönlichen Grundannahmen und mentalen Modelle«) erfahren Sie etwas über Sichtweisen beziehungsweise Grundeinstellungen, Weltbilder und Normen. Mit welcher Grundeinstellung sehen Sie Ihr Geschäft? Handelt es sich bei Ihren Branchenregeln um Gesetze? Vorsicht! Ihre mentalen Muster wirken selbsterzeugend, selbstverstärkend und selbstbegrenzend. Erkennen Sie Ihr Unternehmen als Chancenplattform! Machen Sie den Versuch einer Definition zu der Frage »Was ist Ihr Geschäft?«. Formulieren Sie sie aber nicht zu ausgeweitet, nicht nebulös, sondern so, dass sich aus ihr eine Richtung ergibt. Verbinden Sie die Bedürfnisse Ihrer Kunden mit dem, was Sie besser können als andere.

<table>
<tr><th colspan="3">Als Ihr Strategiecoach bitte ich Sie, Ihr Geschäft zu definieren.</th></tr>
<tr><td>Kundenbedürfnis</td><td>Produktangebot</td><td>Kompetenzen</td></tr>
<tr><td colspan="3">• Ihre Geschäftsdefinition:
....
....
....</td></tr>
</table>

2. Wofür stehen Sie?

Das Thema »strategisches Management« wird in Theorie und Praxis immer wieder mit den Themen Unternehmensphilosophie, Grundwerte, Mission, Vision und Leitbild verknüpft. Diese bilden das Fundament, und ihnen kommt eine Richtungsfunktion für die strategische Planung und Unternehmensführung zu.

Der Unterschied zwischen den Grundwerten, dem Leitbild, der Vision und dem Ziel liegt in der Konkretheit der jeweiligen Absicht. Die Mission beziehungsweise das Leitbild ist die grundlegende Botschaft eines Unternehmens nach innen und außen. Von hier über die Vision und die Strategie bis hin zum operativen Ziel wird die Absicht Schritt für Schritt konkreter. Der Vision folgt die Strategie, dann die sich daraus ergebenden Ziele und daraus folgend die Maßnahmen. Erst wenn die Ziele qualifiziert, quantifiziert und terminiert, also Soll-Ist-fähig sind, hat Ihr Unternehmen einen Wegweiser für sein Handeln und besitzen Ihre Mitarbeiter den notwendigen roten Faden für ihr Tun. Mehr hierzu erfahren Sie im Abschnitt C.1.1 (»Strategie- und zielorientierte Mitarbeiterführung«).

Häufig werden die Begriffe Vision, Strategie, Unternehmenspolitik und Mission durcheinandergeworfen und/oder synonym gebraucht. In der Vision steht dann das, was eigentlich in die Mission gehört und umgekehrt. Die Unternehmenspolitik wird mit dem strategischen Management verwechselt und dieses mit der Vision.

Strategische Hierarchie

Maßnahmen: sofort
Ziele: Einjahreshorizont
Strategie: Zwei- bis Dreijahreshorizont
Vision (konkrete Konturen): Fünf- bis Zehnjahreshorizont
Grundwerte, Mission, Leitbild: gilt langfristig und allgemein

Drei Themenbereiche

Bei der Frage »Wofür stehen Sie« geht es genau genommen um drei Themenbereiche:

1. Ihre *Grundannahmen* zum Geschäft, die sogenannten »mentalen Modelle«.
2. Die *Grundwerte,* für die auch die Begriffe »Unternehmensphilosophie« und »Mission« stehen. Im Deutschen wird hierfür oft das Wort »Unternehmensleitbild« verwendet. Nachstehend wird der Begriff Grundwerte benutzt. Der Terminus »Philosophie« für einen in wenigen Sätzen ausgedrückten Sachverhalt beleidigt die Zunft der akademischen Philosophen, insbesondere deren große Vordenker wie Kant, Hume und Hegel.
3. Die *Vision,* ein anspruchsvolles, Konturen, gegebenenfalls auch Risiken aufweisendes Ziel mit einem längeren Zeithorizont.

2.1 Ihre persönlichen Grundannahmen und mentalen Modelle

Auch Sie tragen mentale Modelle in sich. Dazu gehören Ihre Sichtweisen beziehungsweise Grundeinstellungen, Ihre Weltbilder, Normen und Werte. Jeder Mitarbeiter und Vorgesetzte entwickelt im Laufe seiner Tätigkeit eine bestimmte Sichtweise für bestimmte Situationen, die er als Denk- und Wahrnehmungsschablone einsetzt, um einen Sachverhalt zu analysieren und zu interpretieren. Jegliche Art, etwas zu sehen oder zu hören, ist nur eine von mehreren Möglichkeiten der Wahrnehmung. Wir müssen also um die Relativität unserer Denkschablonen wissen.

Ihre Sichtweisen von Menschen mögen sich in bestimmten Situationen als vernünftig erwiesen haben. Darum wurden sie zu Automatismen Ihres Verhaltens, ohne dass Sie in einer gegebenen Situation lange darüber nachdenken müssen, was jetzt zu tun sei. So entstehen »Wenn-dann-Gebrauchsanleitungen«, die man auch als »Denkmuster« bezeichnen kann. Solche Denkmuster werden oft durch ein Wort oder ein Etikett, mit dem wir schnell bestimmte Attribute verbinden, repräsentiert.

Strategietypen

Nicht nur Menschen tragen Denkmuster in sich. Auch Unternehmen haben spezifische Sicht- und Verhaltensweisen und verkörpern einen bestimmten Strategietypus. In Bezug auf das strategische Management spricht man von vier Strategietypen: Defender, Prospector, Analyser, Reactor.

Als Ihr Strategiecoach bitte ich Sie, die Strategietypen in Ihrem Unternehmen zu bestimmen:

Strategietypen	Was trifft auf Ihr Unternehmen zu?
Defender Unternehmen dieses Typs suchen bewusst die Nische. Ihr Angebot ist weniger breit als das ihrer Mitbewerber. Ihre Marktposition verdanken sie Qualitäts-, Service- oder Preisvorteilen.	
Prospector Dieser Unternehmenstyp reagiert schnell auf Veränderungen im Markt, ist manchmal sogar der Erste mit neuen Angeboten.	
Analyser Unternehmen dieser Gruppe kombinieren das Verhalten eines Defenders mit dem eines Prospectors. Sie bieten ein klar abgegrenztes Leistungsspektrum an, interessieren sich aber sehr für neue Entwicklungen in ihrer Branche, beobachten diese genau und gehen ihnen nach.	
Reactor Der Reactor ist ein dysfunktionaler Strategietyp. Sein Verhalten auf neue Situationen ist kaum konsistent. Er ist weder in einem abgegrenzten Produkt- und Marktbereich tätig noch verteidigt er aktiv sein Marktrevier.	

Auch Sie müssen sich Ihrer Denkmuster bewusst werden und sich vom Korsett überlieferter Meinungen befreien. Nur wenn Sie Ihren Denkmustern entfliehen, bringen Sie neue Ideen hervor. Das gilt insbesondere für den Prozess der Strategiefindung. Auf der Basis alter Mentalmodelle könnte alles so bleiben, wie es ist. Die Dinge sind ja dann automatisch richtig, weil sie Ihr Denken widerspiegeln. Aber es gibt nicht nur eine Wahrheit.

2.2 Ihre geschäftlichen Grundwerte

Ihre Grundwerte drücken kurz, präzise und verständlich aus, wofür Ihr Unternehmen steht. Es handelt sich also nicht um Unternehmensziele, die sich häufig ändern, sondern um das, was Ihnen zeitlos »heilig« ist oder den Charakter Ihres Hauses ausmacht. Diese Grundsätze bedürfen keiner weiteren Rechtfertigung, ebenso wenig wie die Zehn Gebote der Bibel. Je bewusster sich eine Organisation ihrer Grundwerte ist, umso leichter fällt es ihr, ihre Strategie umzusetzen.

Die Grundwerte sind das, was Sie in Theorie und Praxis auch unter dem Begriff »Mission« und Leitbild antreffen, also die zentralen Werte, ebenso der Grundauftrag daraus resultierender Verhaltenserwartungen. Die Grundwerte widerspiegeln die Art und Weise des Umgangs mit Mitarbeitern, Kunden, Lieferanten, gegebenenfalls Mitbewerbern und der Öffentlichkeit. Sie sind eine Art Eid auf die Verhaltensweisen Ihres Unternehmens und die Gestaltung seiner Zukunft. Sie müssen authentisch, sinnvoll und inspirierend sein, vor allem für die eigenen Mitarbeiter.

Grundwerte sollten nicht aus dem Kopf, sondern aus dem Bauch kommen. Die Frage lautet auch nicht: »Welche Grundwerte passen zu uns?«, sondern »Welche haben wir tatsächlich?« oder »Was ist die Seele unseres Unternehmens?«. Insofern spielen die Grundwerte auch eine wichtige Rolle bei der Frage »Wer passt zu uns und wer nicht?«.

Bitte verwechseln Sie Ihre Grundwerte nicht mit den Kernkompetenzen Ihres Unternehmens. Letztere zeigen, was Sie besonders gut können, aber die Grundwerte zeigen, wofür Sie stehen. Kernkompetenzen können sich ändern, aber Ihre Grundwerte sind zeitlos.

Beispiel für Grundwerte bei BP

Grün – wir sind führend im Umweltschutz
Wir haben den Anspruch, im Umweltschutz führend zu sein, und wir wissen, dass saubere Energieformen entwickelt werden müssen. So haben wir uns zu einem verantwortungsbewussten Umgang mit den Ressourcen unseres Planeten sowie zu der Entwicklung von Energiequellen mit weniger Kohlenstoffen verpflichtet.

Progressiv – wir suchen ständig nach neuen, besseren Möglichkeiten
Wir sind ein modernes, agiles, dynamisch geführtes Unternehmen, das niemals stillsteht. Wir sind ständig im Dialog mit unseren Kunden, mit der Gesellschaft und mit den Menschen in unserem Umfeld. Wir beziehen die Menschen ein und haben gleichzeitig eine hohe Wertschätzung ihrer Unterschiedlichkeit. So suchen wir ständig nach neuen, besseren Möglichkeiten und Lösungen.

Leistungsorientiert – wir setzen weltweit Standards
Weltweit setzen wir Maßstäbe in den Bereichen Unternehmensleistung und Finanzen. Dabei ist das Vertrauen gegenwärtig, dass wir unsere Versprechen, die über finanzielle Aspekte hinausgehen und Umweltschutz, Sicherheit, Wachstum sowie Kunden- und Mitarbeiterzufriedenheit betreffen, auch halten.

Innovativ – wir liefern bahnbrechende Lösungen
Wir verbinden das kreative Know-how unserer Mitarbeiter mit der Anwendung innovativer Technologien, um bahnbrechende Lösungen für unsere Kunden zu liefern.

Beispiel für Grundwerte: BP

2.3 Ihr Leitbild

Um die Grundwerte verständlich und übersichtlich zu machen, können Sie diese in ein Leitbild gießen. Sie erhalten damit die Funktion von Wegweisern und Leitplanken, mit denen Ihre Mitarbeiter vom Pförtner bis zum Generaldirektor auf ein gemeinsames

Verhalten hin ausgerichtet werden. In dem Maße, in dem immer mehr Verantwortung auf Ihre Mitarbeiter verlagert wird, bedarf es gewisser Regeln, verbindlicher Orientierungen und Rahmenbedingungen. Das Leitbild sollte aber keine Aussagen zu internen geschäftlichen Grundsatzregelungen oder konkreten Strategieschritten enthalten, denn es dient als Orientierungsrahmen beziehungsweise als geistige und inhaltliche Klammer für sämtliche operativen und strategischen Entscheidungen Ihres Unternehmens. Zugleich hat es auch eine zentrale Funktion für die Imagebildung Ihres Hauses. Der St. Galler Professor Knut Bleicher definiert es folgendermaßen: »Das Unternehmensleitbild enthält die grundsätzlichsten und damit allgemeingültigsten, gleichzeitig aber auch abstraktesten Vorstellungen über angestrebte Ziele und Verhaltensweisen der Unternehmung. Es ist ein ›realistisches Idealbild‹, ein Leitsystem, an dem sich alle unternehmerischen Tätigkeiten orientieren.«

Als Ihr Strategiecoach bitte ich Sie, über diese Fragen nachzudenken:

- Welches sind Ihre grundlegenden Werte?
- Prüffrage: Würden Sie an ihnen noch festhalten, selbst wenn sich die Marktverhältnisse zu Ihrem Nachteil ändern?
- Was würden Sie in Ihr Leitbild schreiben (Stichworte)?
- Welche Bedürfnisse wollen wir mit unseren Marktleistungen (Produkten, Dienstleistungen) befriedigen?
- Welchen grundlegenden Anforderungen sollen unsere Marktleistungen entsprechen (Qualität, Preis, Neuheit)?
- Welche geografische Reichweite soll unser Unternehmen haben (lokal, nationaler, internationaler Charakter)?
- Welche Marktstellung wollen wir erreichen? (Marktanteil)
- Welche Grundsätze sollen unser Verhalten gegenüber unseren Marktpartnern (Kunden, Lieferanten, Mitbewerbern) bestimmen?
- Welches sind unsere grundsätzlichen ökonomischen Zielvorstellungen bezüglich Gewinnerzielung und Gewinnverwendung?
- Welches ist unsere grundsätzliche Haltung gegenüber dem Staat?

- Wie stehen wir zu grundsätzlichen gesellschaftlichen Anliegen wie Umweltschutz, Gesundheitspflege, Kunstförderung und so weiter?
- Wie verhalten wir uns gegenüber unseren Mitarbeitern bezüglich Entlohnung, Mitbestimmung, persönliche Entwicklung und Ähnlichem?
- Welche Art der Mitarbeiterführung wollen wir praktizieren?
- Welches sind unsere technologischen Leitvorstellungen?

Der Vergleich zwischen den Grundwerten der BP und dem nachstehenden ADAC-Leitbild zeigt, wie sehr die Begriffe Grundwerte und Leitbild synonym genutzt werden. Das Leitbild enthält Grundwerte, ebenso wie die Grundwerte werteleitende Funktion haben. Hier wird ein gleicher Sachverhalt unterschiedlich etikettiert. Dennoch ist das ADAC-Leitbild etwas konkreter als die BP-Grundwerte. Es enthält beispielsweise Aussagen zur Organisation (»wird geführt wie ein Unternehmen«), nennt Arbeitsgebiete (»Schutz der Verbraucher«) und Arbeitsweisen (»Outsourcing«).

Beispiel für ein Leitbild ADAC

Der Allgemeine Deutsche Automobil-Club ist ein Verein. Er ist eine freiwillige, demokratische und unabhängige Vereinigung, die allen Kraftfahrern und am Verkehr interessierten Personen offensteht.

Das Mitglied steht im Mittelpunkt
Die Wünsche und Bedürfnisse der Mitglieder sind der Maßstab allen Handelns.

Der ADAC bietet Hilfe, Rat und Schutz
Eigene Dienstleistung hat Vorrang vor Vermittlungen fremder Leistung, Hilfe vor Kostenersatz und individueller Rat vor allgemeiner Information.

Der ADAC leistet Beiträge für das Gemeinwohl
Er setzt sich für die Verkehrssicherheit, den Schutz der Verbraucher und der Umwelt in Verkehr, Tourismus und Sport ein. Er nimmt sachverständig zur Verkehrpolitik Stellung.

Der ADAC bietet Qualität
Seine Dienstleistung und Produkte sind zuverlässig und solide.

Der ADAC handelt sachlich und fair
Sein Selbstverständnis verpflichtet Ihn zu besonderer Verantwortung.

Der ADAC ist unabhängig
Er lässt sich bei der Entwicklung, Finanzierung, Abgabe und Sicherung seiner Leistungen nicht von Interessen Dritter bestimmen.

Der ADAC wird geführt wie ein Unternehmen
An der Spitze des Clubs steht ein gewähltes Ehrenamt. Es bestimmt aktiv die Grundsätze der Clubpolitik und trägt gegenüber den Mitgliedern die letzte Verantwortung.

Der ADAC setzt auf hohe Qualifikationen und Leistungsbereitschaft der Mitarbeiter
Ihre berufliche Entwicklung wird gefördert. Sie erhalten eine leistungs- und marktgerechte Vergütung. Im Interesse der Mitglieder handeln sie kreativ, engagiert und wirtschaftlich.

Es gibt nur einen ADAC
Der Gesamtclub, seine Gliederung und Tochtergesellschaften sind dem Leitbild des ADAC verpflichtet und treten einheitlich in Erscheinung. Nur aus zwingenden Gründen können Dienstleistungen und Produkte in Tochtergesellschaften ausgegliedert werden.

Beispiel für ein Leitbild: ADAC

3. Wie lautet Ihre Vision?

Mission (Grundwerte) und Vision und strategisches Management stützen und fördern sich gegenseitig. Dennoch unterscheiden sie sich. Im Gegensatz zu den unverrückbaren, die Seele des Unternehmens ausmachenden Grundwerten handelt es sich bei den Visionen um gedachte Zukunftsbilder. Diese sind nicht utopisch, sondern irgendwann realisierbar, aber noch nicht umgesetzt.

Visionen liegen auch nicht zu weit in der Zukunft, denn nur so sind auch kleine Schritte des Erfolgs wahrnehmbar. Eine Vision ist ein Licht am Ende des Tunnels, ein noch weit entferntes, aber erreichbares Ziel. Sie dient dem ganzen Unternehmen als Richtungsweisung und soll Grenzen überwinden. Dazu gehört, aktives Handeln zu fördern und reaktives zu bremsen. Hierzu einige Beispiele:

Drei Beispiele visionärer Kraft

1961 verkündete der damalige US-Präsident John F. Kennedy: »Diese Nation sollte alles daransetzen, noch vor Ablauf dieses Jahrzehnts das Ziel eines bemannten Mondflugs zu verwirklichen.« Das war ein fast utopisches und riskantes Ziel, aber es beflügelte die Amerikaner, spornte sie an, erschien angesichts des Sputnik-Schocks einleuchtend und wurde am 20. Juli 1969 realisiert. Der erste Menschen auf dem Mond, der Astronaut Neil Armstrong, meldete zur Erde: »Das ist ein kleiner Schritt für einen Menschen, aber ein großer Sprung für die Menschheit!« Die Vision war Wirklichkeit geworden.

Erfinder und Unternehmensgründer handelten zumeist aus ihren Visionen heraus. Der 45-jährige Henry Ford, Inhaber einer der 30 amerikanischen PKW-Fabriken vor dem Ersten Weltkrieg, hatte 1907 die Vision, das Auto zu »demokratisieren«. Vom T-Modell wurden 15 Millionen Exemplare verkauft. Die visionäre Idee des

Sony-Gründers Akio Moritas bestand darin, ein Radio zu bauen, das in die Westentasche passt.

Über Jahrhunderte war Indigo der teure Farbstoff aus fernen Ländern. Dieses Blau übte eine große Faszination auf die Menschen aus und motivierte Chemiker der ganzen Welt, nach einer billigen synthetischen Alternative zu suchen. Nach 17 Jahren intensiver Forschung und der risikoreichen Aufwendung von 18 Millionen Goldmark – mehr als das damalige Grundkapital der BASF – wurde die Vision Wirklichkeit. Die BASF hatte 1897 das Wettrennen um die Herstellung des »Königs« der Naturfarbstoffe gewonnen. Ein ertragreicher Markt stand nun offen. Ohne Indigoblau gäbe es keine Blue Jeans.

Beispiel für eine Vision: BASF

- Wir sind »The Chemical Company« und arbeiten erfolgreich auf allen wichtigen Märkten.
- Wir sind der bevorzugte Partner der Kunden.
- Wir sind mit unseren innovativen Produkten, intelligenten Problemlösungen und Dienstleistungen weltweit der leistungsfähigste Anbieter in der chemischen Industrie.
- Wir erwirtschaften eine hohe Rendite auf das eingesetzte Kapital.
- Wir treten für nachhaltige Entwicklung ein.
- Wir nutzen den Wandel als Chance.

Beispiel für eine Vision: BASF

Die Kraft der Bilder

Visionäre Zukunftsbilder richten sich zwar an Einzelpersonen, aber sie sollen kollektive Kraft entfalten. Um das zu erreichen, sollten auch Sie gezieltes Visionsmanagement betreiben, denn die ganze Organisation soll für neue Ziele motiviert werden. Das gelingt umso eher, wenn Ihre Vision aus einem Zukunftsbild besteht, das von den Unternehmensangehörigen anzustreben ist. Das Bildliche ist dabei wichtig, denn der Mensch ist ein Augentier.

Von genau dieser Vermittlung des Bildlichen spricht der französische Schriftsteller Antoine de Saint-Exupéry: »Wenn du ein Schiff bauen willst, dann trommele nicht Männer zusammen, um Holz zu beschaffen, Aufgaben zu vergeben und die Arbeit einzuteilen, sondern lehre die Männer die Sehnsucht nach dem weiten, endlosen Meer.«

Das ist in Ihrer Firma nicht anders als in der Gesellschaft. Visionen sind menschliche Energie, die Sie nutzen sollten. Sie sind eine Art Kompass, der dafür sorgt, dass Management und Mitarbeiter die richtige Richtung finden. Das setzt aber voraus, dass Ihre Vision inspirierend und herausfordernd ist, Halt und Orientierung bietet, im Detail vorgelebt wird, den Turbulenzen der Welt standhält und dem Markt sinnvoll erscheint.

Als Ihr Strategiecoach bitte ich Sie, über diese Fragen nachzudenken:

- Wie lauten Ihre Visionen? Wo will Ihr Unternehmen in fünf Jahren stehen? Welche/s innovative/s Produkt/Leistung werden Sie bis dahin auf den Markt gebracht haben?

4. Welches sind Ihre Stärken und Schwächen?

Andrew Grove, der langjährige Chef von Intel und einer der erfolgreichsten amerikanischen Manager, sagte einmal: »Sie müssen sich darüber klar werden, auf welchem Gebiet Sie besser sind als jeder andere, und dann Ihre Anstrengungen kompromisslos darauf konzentrieren.« Kennen Sie Ihre Stärken oder sind Sie ständig mit den Folgen Ihrer Schwächen beschäftigt?

Wenn Sie unternehmerisch Erfolg haben wollen, müssen Sie sich auf Ihre Stärken besinnen und konzentrieren: Dort, wo Sie stark sind, sollten Sie noch stärker werden. In allen strategietheoretischen Modellen wird die Konzentration der Kräfte auf das empfohlen, was ein Unternehmen am besten kann, womit es seinen Kunden den größten Nutzen bietet. Stärken sollten der Ausgangs- und der Endpunkt Ihrer unternehmerischen Aktivitäten sein. Aber bedenken Sie: Kernfähigkeiten, die zu einem bestimmten Zeitpunkt den strategischen Erfolg eines Unternehmens begründeten, verlieren im Zeitablauf ihre Relevanz. Die Stärken von gestern sind dann die Schwächen von heute. Das war auch bei der Deutschen Bahn und der Telekom so. Wenn Sie dort Steuermann wären, müssten Sie sich um die bekannten Schwächen kümmern (Tabelle 8).

Unternehmen	bekannte Stärken	bekannte Schwächen
Aldi	Preis-Leistungs-Verhältnis	
IKEA	Möbel zum Mitnehmen	
Schalke	treue Fans	
Volvo	Sicherheit	
Tegut	gesunde Lebensmittel	
DB		Unpünktlichkeit
Telekom		schlechter Service

Schlecker		schlechter Führungsstil
Microsoft Vista		langsame Software

Tabelle 8: Bekannte Stärken und Schwächen von Unternehmen

Schuster, bleib bei deinen Leisten!

In den USA untersuchten die bereits erwähnten Unternehmensberater Peters und Waterman die Praxis der erfolgreichsten Unternehmen. Einen der festgestellten Erfolgsfaktoren könnte man mit »Schuster, bleib bei deinen Leisten« umschreiben: Die Leisten sind seine Stärke. Seine Schwächen kann er getrost vernachlässigen, denn hierfür gibt es die Stärken anderer Handwerker.

Auch Ihr Unternehmen sollte sich auf den wirkungsvollsten Punkt seines Könnens konzentrieren. Das können

- Ihre persönlichen Stärken (Fähigkeiten und Eigenschaften),
- die Stärken von Mitarbeitern (Vorkenntnisse, Erfahrungen, Kundenkontakte) oder
- Produktstärken

sein.

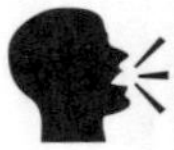

Als Ihr Strategiecoach bitte ich Sie, über diese Fragen nachzudenken:

- Welches sind die Stärken Ihres Unternehmens? Was unterscheidet Sie von anderen Mitbewerbern? Warum kommen Kunden zu Ihnen?

4.1 Kennen Sie Ihre strategischen Erfolgspotenziale?

Ich bin sicher, dass auch Ihr Unternehmen über Potenziale verfügt, die, wenn sie richtig eingesetzt werden, den Erfolg bewirken oder verstärken. Es sind diejenigen Eigenschaften und Fähigkeiten Ihres Unternehmens, mit denen Sie die Grundlagen für zukünftige

Bilanzgewinne legen. Man nennt sie deshalb Erfolgspotenziale. Sie sollten, bevor Sie Gewinn und Liquidität planen, über die Erfolgspotenziale als »Vorsteuergrößen« nachdenken. Gewinn ist das Ergebnis der vorsteuernden strategischen Planung und Unternehmensführung.

Wenn Sie Ihre Erfolgspotenziale kennen, können Sie diese gezielt für Ihre strategische Planung und Unternehmensführung einsetzen; sie sind die Bedingung für zukünftige Erfolge und haben damit die Funktion von Orientierungshilfen. Sie als Manager wissen nun, was Sie im Auge behalten, worauf Sie besonders achten müssen, um Ihren Erfolg nicht zu gefährden. Wenn etwa bei Mercedes-Benz Reklamationen in puncto Qualität zunehmen, dann ist eine wichtige strategische Erfolgsposition gefährdet, die sich über kurz oder lang auf die Bilanz auswirken könnte.

Der Vater des Gedankens der Erfolgspotenziale, Aloys Gälweiler, ein erfolgreicher BBC-Manager und Hochschullehrer, versteht darunter »das gesamte Gefüge aller jeweils produkt- und marktspezifischen erfolgsrelevanten Voraussetzungen, die spätestens dann bestehen müssen, wenn es um die Erfolgsrealisierung geht. Alle dazugehörenden Voraussetzungen haben vor allem die gemeinsame Eigenschaft, dass für ihre Schaffung eine lange Zeit gebraucht wird, die grundsätzlich nicht beliebig verkürzt werden kann.«[13]

Das können Innovationen (3M), der Standort (Innenstadt), ein gutes Vertriebssystem (McDonald's), Patente (Fischer-Dübel), ein Hightech-Maschinenpark, Schnelligkeit (UPS) oder auch Imagefaktoren wie Qualität (Hilti), Sicherheit (Volvo) oder Luxus (Rolex) sein.

Die folgenden beiden Bedingungen sind zu erfüllen, damit man von einem strategischen Erfolgspotenzial sprechen kann:

- Die Stärken eines Unternehmens müssen bezogen auf relevante Mitbewerber größer sein als die Schwächen, sodass sich gegenüber Mitbewerbern eine starke Wettbewerbsposition ergibt.
- Das relevante Geschäftsfeld bietet mehr Chancen als Risiken.

---

13. Aloys Gälweiler: *Strategische Unternehmensführung*, Frankfurt/M. 1990 (Campus), S. 26.

Fähigkeitenpotenziale

Gälweiler hat den Begriff der Erfolgspotenziale um den der Fähigkeitenpotenziale erweitert. Man könnte sie auch mit »Kernkompetenzen« umschreiben. Während Erstere den direkten Markterfolg auslösen, schaffen Letztere die Voraussetzungen dazu. Beide sind sogenannte »Vorsteuergrößen« für den Unternehmenserfolg. Sie stehen also in wechselseitiger Beziehung.

Zu den Fähigkeitenpotenzialen gehören die Beherrschung innovativer Technologien, die Fähigkeit, schnell auf Veränderungen zu reagieren, die Kundenorientierung der Mitarbeiter sowie hoch qualifizierte Arbeitskräfte, um nur einige Beispiele zu nennen. Ohne den Mut seiner Akteure (Fähigkeitenpotenzial) hätte Greenpeace nie das hohe ökologische Image erlangt (Erfolgspotenzial), das Voraussetzung für den reichlichen Spendenfluss an die Organisation ist. Potenziale sind nicht von außen erkennbar, sondern können nur von innen gefunden und mobilisiert werden. Sie liegen in den Menschen eines Unternehmens, die in der Lage sind, vorhandene Chancen effizient zu nutzen.

Die Erfolgs- und Fähigkeitenpotenziale stehen in enger Beziehung zu den in Kapitel A.3 vorgestellten strategischen Vorgehensweisen. Der marktorientierte Ansatz von Michael Porter zielt eher auf die Erfolgspotenziale, während das Konzept der ressourcenorientierten Kernkompetenzen von Hamel und Prahald dicht bei der Idee der Fähigkeitenpotenziale liegt.

Der Aufbau von strategischen Erfolgsfaktoren benötigt wesentlich mehr Zeit als die Durchführung operativer Maßnahmen. Außerdem sind koordinierte Anstrengungen in allen Bereichen Ihres Unternehmens nötig. Das impliziert zugleich höhere Kosten. Diese wiederum erschweren es der Konkurrenz, Ihre strategischen Erfolgspotenziale zu kopieren.

Als Ihr Strategiecoach bitte ich Sie, dass Sie sich Zeit für die folgende Analyse Ihrer strategischen Erfolgspotenziale nehmen, diese SEP-Analyse ist wichtig!

Ihre Strategischen Erfolgspotenziale	**Kriterium**					**Bewertung**	**Rang**
	Einzigartigkeit	Imitationsschutz	Am Markt bekannt	Kundennutzen	Beitrag zum Cashflow		

6= sehr gut, 5 = gut, 4 = gerade ausreichend, 3= ungenügend, 2 = schlecht, 1= miserabel

Wenn Sie Ihre Erfolgspotenziale nun kennen, können Sie diese gezielt zum strategischen Vorsteuern einsetzen. Sie sichern damit die Ertragskraft des Unternehmens und tragen so zur Steigerung des Unternehmenswertes bei.

4.2 Kennen Sie Ihre Kernkompetenzen?

Sind Sie auf unterschiedlichen Märkten aktiv, ohne jedoch auf einem dieser Märkte eine besondere Rolle zu spielen? Durch die Vielzahl von Aktivitäten oder Produkten werden Ressourcen verschwendet. Viele Unternehmen begehen den Fehler, sich nicht auf die Fähigkeiten zu besinnen, die sie am besten beherrschen, und diese zielorientiert einzusetzen. Die Definition Ihrer Kernkompetenzen zwingt alle Beteiligten, die übliche Fixierung auf das Produktportfolio aufzulösen. Statt des fertigen Kuchens bekommen Sie so einen Blick für die das Aufgehen bewirkende Hefe.

Um Ihre Kernkompetenzen zu entwickeln, empfehle ich Ihnen, sich auf die Dinge zu konzentrieren und sie entsprechend zu forcieren, die Sie am besten beherrschen beziehungsweise aus denen sich strategische Vorteile gegenüber Mitbewerbern ergeben. »Die Kernkompetenzen sind so etwas wie das kollektive Wissen der Organisation, insbesondere was die Koordination diverser Herstellungstechniken und die Integration unterschiedlicher Technologiebereiche betrifft ... Im Gegensatz zu den materiellen Aktiva, die sich mit der Zeit verbrauchen, nehmen die Kompetenzen durch Gebrauch zu.«[14] Diese Definition zeigt, dass der Begriff Kernkompetenz etwas Ähnliches meint wie Stärken oder Kompetenzpotenziale.

Die Differenzierung zwischen Kompetenz beziehungsweise Einzelfähigkeit und Kernkompetenz ist in der Praxis häufig sehr schwierig und erfordert enorme Unternehmungskenntnisse. Diese Fragen helfen Ihnen, Ihre Kernkompetenzen zu identifizieren:

- Gehört die Fähigkeit XYZ zum Kernbereich oder nicht?
- Unterstützt sie den langfristigen Wettbewerbserfolg signifikant?
- Sparen wir Geld, wenn wir sie auslagern?

Oft werden gewisse Fähigkeiten, über die ein Unternehmen verfügt, den Kernkompetenzen zugeordnet, obwohl es sich um Basiskompetenzen oder um Kompetenzpotenziale handelt. Die Politiker meiner Heimatstadt Bad Nauheim sprechen ständig von der Gesundheit als der »kommunalen Kernkompetenz«. Das aber bieten Hunderte anderer Kurorte ebenfalls. Bad Nauheim verfügt über eine Basiskompetenz in der Betreuung von Kurgästen. Nicht mehr und nicht weniger.

Das folgende Portfolio verdeutlicht die verschiedenen Kompetenzfelder. Es wird deutlich, dass Unternehmen Kernkompetenzen aufbauen müssen, solche, die eine dauerhafte Differenzierung ermöglichen, also exklusiv sind beziehungsweise nicht einfach und/oder kurzfristig imitiert werden können.

Aufgrund ihrer strategischen Bedeutung müssen Kernkompetenzen drei Voraussetzungen erfüllen, um wirksam zu sein:

- Kundennutzen
- Differenzierung
- Ausbaufähigkeit

---

14. Vgl. Gary Hamel/Coimbatore K. Prahalad: *Wettlauf um die Zukunft*, Wien 1995 (Ueberreuter).

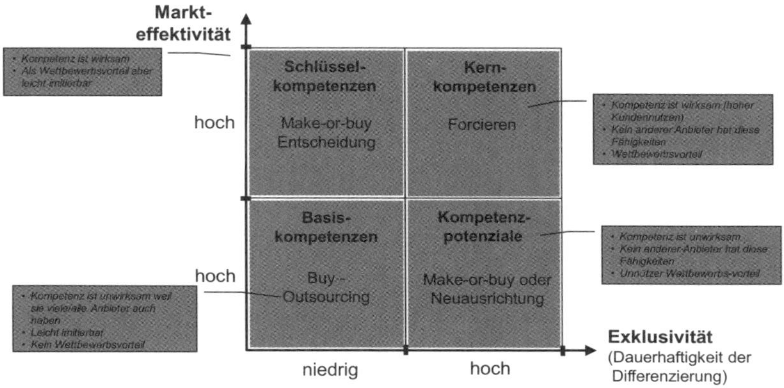

Abbildung 10: Portfolio der Kompetenzfelder

Als Ihr Strategiecoach bitte ich Sie, über diese Fragen nachzudenken:

- Welches sind Ihre Basiskompetenzen?
- Welches sind Ihre Schlüsselkompetenzen?
- Über welche Kompetenzpotenziale verfügen Sie sonst noch?
- Welches sind Ihre Kernkompetenzen? An welchen »Schrauben« müssen Sie drehen, um Ihre Wettbewerbsposition zu stärken?

....

....

....

Kundennutzen

Die erste Voraussetzung bezieht sich auf den Kundennutzen. Das heißt, eine Kernkompetenz muss ein Produkt hinsichtlich seines Nutzens entscheidend beeinflussen; sie erzeugt quasi den Kernnutzen und Ihr Kunde muss diese Beeinflussung positiv wahrnehmen und bewerten. Man kann auch sagen, dass die Kernkompetenz die Quelle und Notwendigkeit für diese Kundenzufriedenheit ist. Jedoch muss Ihr Kunde die Kernkompetenz dabei nicht zwingend erkennen. Die meisten Kunden würden den Fahrspaß, den sie bei einer bestimmten Automarke verspüren, selten mit der Kernkompetenz des Herstellers verbinden.

Differenzierung
Ihr Unternehmen muss sich mit seinen Produkten von denen anderer Unternehmen abheben. Die Kernkompetenz muss eine einzigartige Eigenschaft Ihrer Organisation sein, um dem Begriff »Kernkompetenz« Rechnung zu tragen. Man spricht darum nur dann von Kernkompetenzen, wenn bestimmte unternehmungsspezifische Fähigkeiten und Kenntnisse nicht ohne Weiteres von Konkurrenten übernommen beziehungsweise imitiert werden können. Unternehmungen können also durch ihre Kernkompetenzen identifiziert werden. Fällt beispielsweise das Stichwort »Miniaturisierung«, denkt man an Sony (zum Beispiel Walk- und Discman).

Ausbaufähigkeit
Kernkompetenzen dürfen sich nicht nur auf einzelne Produkte beziehen, sondern müssen für viele unterschiedliche Produkte nutzbar sein. Man muss sie bereichsübergreifend einsetzen können (zum Beispiel die Motoren von Honda), also mit ihnen potenziell neue Märkte erschließen können.

Erst wenn alle diese drei Voraussetzungen erfüllt sind, spricht man von einer Kernkompetenz. Diese erstreckt sich jedoch nicht nur auf technische Fähigkeiten (so wie es früher oft behauptet wurde), sondern schließt die intangiblen beziehungsweise »weichen« Faktoren mit ein. Gerade diesen Kompetenzen misst man heute große Bedeutung zu. Man denke dabei an die positiven Auswirkungen einer einzigartigen und konsequenten Unternehmenskultur.

Ist Ihr Unternehmen in der Lage, alle drei Voraussetzungen zu erfüllen, kann es sich unverwechselbar machen, dann wird es Ihrer Konkurrenz schwerfallen, Sie in diesen Bereichen zu imitieren.

Vier Empfehlungen zur Nutzung Ihrer Kernkompetenzen

Die Väter dieses Gedankens, Hamel und Prahalad, benannten vier Entwicklungspfade, wie Ihr Unternehmen seine Kernkompetenzen entwickelt.[15]

---

15. Vgl. Gary Hamel/Coimbatore K. Prahalad: *Wettlauf um die Zukunft*, Wien 1995 (Ueberreuter); Reinhart Nagel: *Lust auf Strategie*, Stuttgart 2007 (Klett-Cotta), S. 106.

Als Ihr Strategiecoach bitte ich Sie, über diese Fragen nachzudenken:

Kernkompetenzen		bestehend	neu
	neu	*Herausragende Positionen schaffen*: Welche neuen Kernkompetenzen müssten Sie heute aufbauen, um zu gewährleisten, dass Ihre Kunden Sie auch noch in fünf bis zehn Jahren als führenden Anbieter betrachten? Denken Sie darüber nach, mit welchen neuen Kernkompetenzen Sie auf einem bestehenden Markt eine exklusive Position aufbauen könnten.	*Mega-Chancen entdecken:* Welche neuen Kernkompetenzen müssten Sie aufbauen, um an den wichtigen und interessanten Märkten der Zukunft teilnehmen zu können? Auf der Suche nach herausragenden Zukunftschancen können Sie sich weder auf bestehende Märkte noch auf Ihre besonderen Erfahrungen stützen. Sie müssen ggf. neu anfangen, so wie der Reifen- und Gummistiefelhersteller Nokia, der irgendwann anfing, die Kompetenz für die Herstellung von Mobiltelefonen aufzubauen.
	bestehend	*Lücken füllen:* Welche Chancen haben Sie, Ihre Position auf bestehenden Märkten zu verbessern, indem Sie bestehende Kernkompetenzen besser nutzen oder voll ausschöpfen? Wenn Sie Ihre Kernkompetenzen in bestehenden Märkten optimal einsetzen, dann füllen Sie aus strategischer Sicht interessante Lücken.	*Weiße Flecken erschließen:* Welche neuen Angebote könnten Sie machen, indem Sie Ihre derzeitigen Kernkompetenzen in kreativer Weise neu einsetzen oder kombinieren? Denken Sie an den Walkman, bei dem Sony seine Kompetenzen aus den Bereichen der Kassettenrecorder und Kopfhörer kombinierte. Vielleicht gibt es auch in Ihrer Branche solche weißen Flecken, die bisher übersehen wurden.

Markt

4.3 Ihr Analyseinstrument: die SWOT-Analyse

Vom Vater des strategischen Managements, Igor Ansoff (1918-2002), stammt der Hinweis auf die Rolle von Zielen für die Umsetzung von Strategien und die vorauszugehende Prüfung der Stärken und Schwächen. Aus der damit verbundenen Fragestellung entstand ein Managementtool, die sogenannte SWOT-Analyse. Dabei stehen die Buchstaben SWOT für:

- **S**trenghts (Stärken)
- **W**eaknesses (Schwächen)
- **O**pportunities (Chancen)
- **T**hreats (Gefahren)

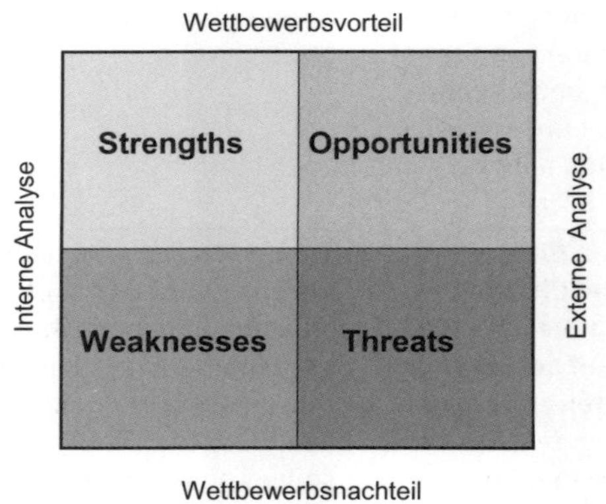

Abbildung 11: SWOT-Analyse

Die SWOT-Analyse begleitet Sie durch den gesamten Prozess der strategischen Planung und Unternehmensführung. In allen Phasen der Analyse stellt sich immer wieder die Frage nach den Chancen und Risiken, den Stärken und Schwächen, so wie es aus Abbildung 12 hervorgeht. Wie Sie sehen, wird diese Stärken-und-Schwächen-Analyse in Kombination mit einer Analyse der Chancen und Risiken im Markt eingesetzt. Diese beziehen sich auf das Umfeld der Branche, den Markt und so weiter. Es kommt nun darauf an, jene

Leistungselemente zu identifizieren, die Sie im Wettbewerb gezielt zu Ihrem Vorteil einsetzen können, indem Sie Ihre Stärken nutzen, um Chancen wahrzunehmen oder Risiken einzudämmen.

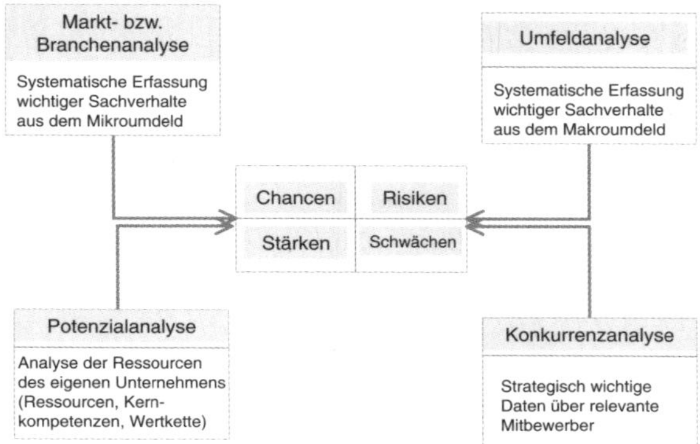

Abbildung 12: Die SWOT-Analyse als Grundwerkzeug im Strategieprozess

Wenn Sie sich die SWOT-Analyse als eine Art zweiachsiger Waage vorstellen, kommt es darauf an, die beiden Dimensionen immer wieder gekonnt auszubalancieren.

Unternehmen, die sich an die Beantwortung der Frage nach den Stärken und Schwächen machen, finden oft nur sehr allgemein gehaltene Antworten, beispielsweise »gute Mitarbeiter«, »Familienunternehmen« oder »lange am Markt«. Es ist zwar gut, einmal so frei zu denken und zu antworten, aber Sie kommen schneller zum Punkt, wenn Sie mit einer Checkliste arbeiten, die in das Detail geht. Die Antworten können Sie dann in die SWOT-Analyse einfließen lassen.

Als Ihr Strategiecoach bitte ich Sie, über diese Fragen nachzudenken:

Stärken	Chancen
Schwächen	Risiken

Weitere Instrumente zur strategischen Planung und Unternehmensführung

Wie dem Chirurgen bei einer Operation so stehen auch Ihnen viele Hilfsmittel beziehungsweise Instrumente zur Verfügung, die Ihnen in den verschiedenen Phasen des Planungs- und Umsetzungsprozesses nützlich sind. Die nachfolgende Auflistung gibt Ihnen einen Überblick. Alle Instrumente, Methoden und Konzepte finden Sie in meiner fünfbändigen Buchreihe, die der GABAL-Verlag unter dem Titel *Methodenkoffer* in den Jahren von 2003 bis 2007 herausbrachte, sowie in meinem Buch *Managementkonzepte von AZ* (siehe Literaturverzeichnis).

4.4 Idee und Bedeutung der Wertkette

Das Konzept der Wertkette ist ein anderer Weg, um Ihre strategischen Stärken zu ermitteln. Hier geht es nicht nur um *eine* Stärke. Die Ursachen von Wettbewerbsvorteilen werden eher auf der Basis vieler Aktivitäten eines Unternehmens und deren Wechselwirkung gesucht. Ein Unternehmen wird also als Kette von wertsteigernden Aktivitäten gesehen. Porter schreibt: »Jedes Unternehmen ist eine Ansammlung von Tätigkeiten, durch die sein Produkt entworfen, hergestellt, vertrieben, ausgeliefert und unterstützt wird. All diese Tätigkeiten lassen sich in einer Wertkette darstellen.«

Die Wertkette besteht aus einer Reihe von Tätigkeiten, die den Wert verursachen beziehungsweise errichten. Dabei werden die strategisch wichtigen Funktionen Ihrer Organisation identifiziert, soweit diese Werte für Ihre Kunden schaffen, beispielsweise Logistik, Fertigung, Vertrieb und Service. All diese Tätigkeiten werden in einer Wertkette abgebildet beziehungsweise gegliedert, um unnötige Kosten oder Differenzierungsmöglichkeiten zu erkennen und Schwachstellen zu eliminieren. Mit ihrer Hilfe lässt sich der gesamte Prozess der Leistungserbringung durchleuchten und strategisch ausrichten. Sie dürfen diese Tätigkeiten nicht mit Funktionen verwechseln. Es geht um das Funktionieren insgesamt.

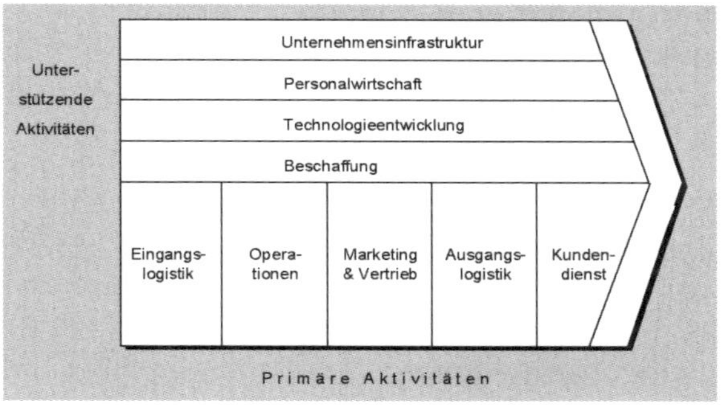

Abbildung 13: Die Wertkette und ihre Elemente

Die Kette gliedert sich in

- primäre und
- unterstützende Aktivitäten.

Primäre Aktivitäten dienen der Produkterzeugung und dem Vertrieb, zum Beispiel: Eingangslogistik, Produktion, Marketing und Vertrieb sowie Kundendienst. Als *unterstützende Aktivitäten* gelten unter anderem Beschaffung, Technologieentwicklung und Personalwesen. Hier werden Versorgungs- und Steuerungsleistungen für die primären Aktivitäten erbracht. Ganz allgemein können Sie davon ausgehen, dass sich Ihr Kunde nur dafür interessiert, wie seine Ware entsteht und wann er sie geliefert bekommt. Ihr Personalwesen, Ihre Organisation oder Ihr Einkauf sind für ihn bedeutungslos.

Jede einzelne Aktivität wird nun mit diesen oder ähnlichen Fragen auf den Prüfstand gestellt:

1. Eignet sich diese Aktivität, um *Kostenvorteile* oder *Differenzierung* zu erzeugen?
2. Hat die Organisation hier eine *Stärke* oder *Schwäche*?
3. Wie können Stärken ausgebaut und Schwächen beseitigt werden?

Die folgende Übersicht zeigt vereinfacht dargestellt, wie der IKEA-Konzern es versteht, die Wertkette zu nutzen. In jedem Kettenglied werden Kostenvorteile erzielt, aus denen in der Gesamtheit erhebliche Wettbewerbsvorteile resultieren.

	Rohmaterial	Herstellung	Montage	Transport	Ausstellungsraum	Lieferzeit	Anlieferung
Herkömmliche Anbieter	Je nach Material: geringe bis hohe Kosten	Kleine Mengen = hohe Kosten	Arbeitsintensiv = hohe Kosten	Montierte Möbel = hohe Kosten	Zentrale Stadtlage = hohe Kosten	Kleines Lager = lange Lieferzeit	Montierte Möbel = hohe Kosten
IKEA	Geringe bis mittlere Kosten	Große Mengen = geringe Kosten	Durch Kunden selbst = keine Kosten	Zerlegte Möbel = geringe Kosten	Auf grüner Wiese = geringe Kosten	Großes Lager = kurze Lieferzeit	Mitnahme durch Kunden = keine Kosten

Tabelle 9: Die Wertkette am Beispiel von IKEA

Man kann das IKEA-Beispiel oder ein anderes auch so darstellen wie in Abbildung 14. Ein strategisch ideal positioniertes Unternehmen versteht es, in allen Phasen der Wertschöpfung Vorteile zu erzielen, bei den Innovationen, den Prozessen, auf den Märkten und so weiter. Das garantiert ihm eine strategisch ideale Positionierung.

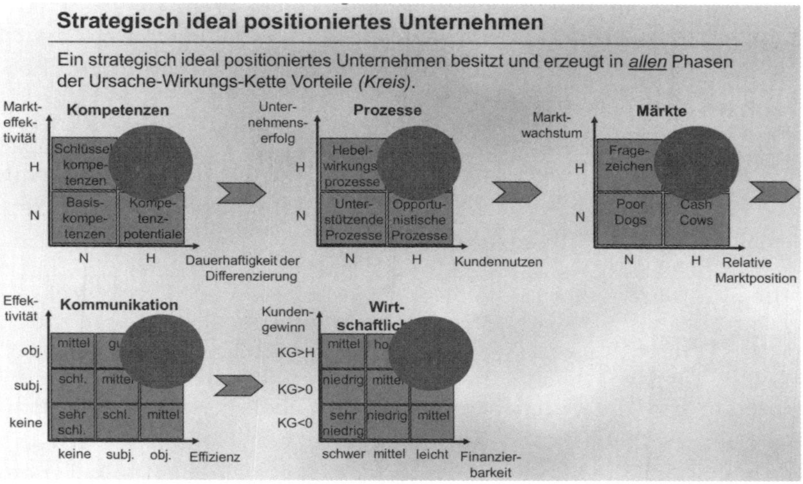

Abbildung 14: Beispiel für eine strategische Idealpositionierung

4.5 Ihr Instrument zur Untersuchung der Wertkette: die Prozessanalyse

Der Konzeptvater Michael Porter macht leider keine Angaben darüber, wie die strategischen Vorteile der Wertkette wahrzunehmen sind. Ich empfehle Ihnen, die Wertkettenanalyse mit dem folgenden Analysebogen durchzuführen. Am besten nehmen Sie für jeden wichtigen Prozessschritt einen neuen Bogen mit beliebig vielen Zeilen.

Prozesse bestehen aus vielen Einzelschritten. Doch nur wenige dieser Einzelschritte wirken wertsteigernd. Der Zweck der Prozessanalyse besteht darin, den Gesamtprozess transparent zu machen, um anschließend die nicht wertschöpfenden Teilprozesse zu reduzieren.

Sie können die Leistungsarten an der Gesamtleistung Ihres Unternehmens so unterteilen:

- Nutzleistung
- Stützleistung

- Blindleistung
- Fehlleistung

Primäre Nutzleistungen
sind solche Tätigkeiten, die aus der Sicht Ihrer Kunden zu einer Wertsteigerung führen. Anders ausgedrückt: Sie erhöhen den Nutzen eines Ergebnisses für den Kunden während des Leistungserstellungsprozesses. Nutzleistungen sind fortwährend zu *optimieren*. Beispiele: Bestellannahme, Montage, Versand.

Stützleistungen
tragen nur indirekt zur Wertsteigerung eines Produktes bei. Sie unterstützen die Nutzleistung, werden aber vom Kunden nicht wahrgenommen. Da sie Kosten verursachen, sollten sie auf das geringstmögliche Maß *reduziert* werden. Beispiele: Planung, Genehmigungsverfahren, Berichtswesen, Archivierung.

Blindleistungen
treten ungeplant auf und tragen weder direkt noch indirekt zur Wertschöpfung einer Leistung bei. Da auch sie vom Kunden nicht wahrgenommen werden und die Prozesskosten erhöhen, sind sie zu *eliminieren*. Beispiele: Nach- oder Doppelarbeit infolge fehlender Informationen, »Heizer auf der E-Lok«.

Fehlleistungen
wurden als Nutz- oder Stützleistung geplant, sind als solche aber nicht verwertbar, da bei der Erstellung ein Fehler aufgetreten ist. Durch bessere Planung, Schulung oder Prozessstrukturierung sind solche Fehlleistungen grundsätzlich zu *vermeiden*. Beispiele: fehlerhafte Produkte, falsche Buchungen, falsche Lieferung.

Als Ihr Strategiecoach bitte ich Sie, über diese Fragen nachzudenken:

Nr.	Tätigkeit, Maßnahme	Zuständige Abteilung/Gruppe/Mitarbeiter	Zeitaufwand/Prozent	Handelt es sich um eine Nutzleistung?	Handelt es sich um eine Stützleistung?	Handelt es sich um eine Blindleistung?	Handelt es sich um eine Fehlleistung?
1.							
2.							
3.							
4.							
5.							
6.							
7.							
8.							
9.							
10.							

5. Wie sieht Ihr Umfeld aus?

Ihr Unternehmen ist von einem Umfeld umgeben, das Ihnen Chancen bietet, aber auch Risiken enthält. Beides müssen Sie rechtzeitig erkennen. Eigentlich dient Ihre Strategieplanung nur dem einen Zweck, die richtigen Schlüsse aus den Beziehungen Ihres Unternehmens zum Umfeld zu ziehen. Wenn Sie das vernachlässigen, handeln Sie fahrlässig.

Aber welche Informationen sind für Ihre Strategieformulierung relevant? Was müssen Sie wissen und berücksichtigen? Mit Informationen bringen Sie sich in Form. Sie erkennen Trends und Probleme und somit Gefahren und Risiken, Stärken und Schwächen. Um Informationen zu bekommen, machen Sie das, was Nachrichtendienste auch tun: Zeitungen, Zeitschriften und Bücher lesen, im Internet »googeln«, mit Menschen kommunizieren und die richtigen TV-Programme einschalten.

Die relevanten Informationen betreffen das Umfeld Ihres Unternehmens und die Firma selbst. Vieles wirkt auf Ihr Unternehmen. Im *internen Umfeld* sind es Ihre Mitarbeiter, aber auch die Prozesse, ja selbst die Unternehmenskultur. Hier haben Sie Einflussmöglichkeiten. Im *näheren Umfeld* wirken Mitbewerber, die Branche und der Markt auf die Entwicklung Ihrer Firma. Dieser Bereich ist weniger beeinflussbar. Im *weiteren Umfeld* sind es Technik, Politik, das Rechtswesen, die Gesellschaft und Wirtschaft sowie soziokulturelle Faktoren. Auf diesem Terrain sind Sie nur einer von vielen Zuschauern ohne Eingriffsmöglichkeiten.

Von der Innensicht zur Außensicht

Vor 1930 basierten langfristige Unternehmensplanungen auf produktionstechnischen Überlegungen. Das Fließband diente als eine Art »Urmeter«. Ab 1930 änderte sich dieses in Richtung marktbezogener Denkmodelle. Das Marketingdenken ergänzte das Industrial Engineering. Dann kam der Zweite Weltkrieg. Er stimulierte ein neues strategisches Verhalten, bei dem Technik und Innovation im Fokus standen.

Zunehmende Umfeldkomplexität führte ab 1950 dazu, den Blick verstärkt auf das Umfeld zu richten, das sich immer mehr dynamisierte. Der »Strategiephilosoph« Igor Ansoff schuf die Idee des »Strategic Issue Managements«. Es zielt auf die ständige Überwachung des Umfelds, um bei Diskontinuitäten sofort einzuschreiten. Wenn notwendig, übergeht und durchkreuzt das Strategic Issue Management die Hierarchie, um Maßnahmen sofort wirksam werden zu lassen. (Ergänzende und vertiefende Informationen zur Umfeldüberwachung finden Sie in Kapitel D »Wie kontrollieren und steuern Sie den Erfolg Ihrer Strategie?«.)

Es gibt verschiedene Möglichkeiten, Ihre Unternehmensumwelt zum Zwecke der Analyse zu strukturieren. Die folgende Übersicht ist lediglich ein Set an Vorschlägen.

Geografische Gliederung	**Distanzorientierte Gliederung**	**Gesellschaftsbezogene Gliederung**	**Branchenbezogene Gliederung**
• lokal • regional • national • kontinental • global	• interne Umwelt • nahe Umwelt • ferne Umwelt	• soziologische Faktoren • technologische Faktoren • volkswirtschaftliche Faktoren • ökologische Faktoren • politische Faktoren • soziokulturelle Faktoren • rechtliche Faktoren	• Hauptkonkurrent • Mitbewerber • Lieferanten • Branche • Markt

Tabelle 10: Strukturierungsvorschläge für Ihre Analyse

Zweckmäßigerweise gehen Sie bei Ihrer Analyse von der übergeordneten Ebene aus, die als logische »Wenn-dann-Beziehung« Ihre Gestaltungsspielräume prägt. Zu diesem Zweck könnten Sie konzentrische Kreise zeichnen oder ein sogenanntes Mind Map entwerfen.

Wenn Sie mehr über die Mind-Map-Technik wissen wollen, empfehle ich Ihnen mein Buch *Methodenkoffer Grundlagen der Arbeitsorganisation.*[16]

5.1 Ihr sozioökonomisches Umfeld

Die globale Wirtschaft kennt keine Grenzen. Wir sind Opfer und Täter zugleich. Wir kaufen Artikel »Made in China« und verkaufen »Made in Europe«. Aber es trifft Einzelne besonders hart, zum Beispiel den Dentisten, der jetzt gegen ein chinesisches Labor konkurriert, den Werkzeugmacher, der bei den Lohnkosten mit den osteuropäischen und den ostasiatischen »Tigern« mithalten muss, oder den Berliner Malermeister, der von polnischen Billiganbietern »liquidiert« wird. Das sind Folgen weltpolitischer Veränderungen. Wenn Sie wüssten, was als Nächstes kommt, könnten Sie sich darauf einstellen. Aber wer weiß das schon? Wir wissen nur, dass alles mit allem irgendwie zusammenhängt und aufeinander einwirkt. »Komplexität« ist das Wort, das diesen Zustand beschreibt. Insofern besteht der Kern des strategischen Managements in der Bewältigung von Komplexität. Sie sollen die Komplexität zwischen Ihrem Unternehmen und seinem Umfeld ausgleichen, um Chancen und Risiken zu erkennen, und Wettbewerbsvorteile trotz Unübersichtlichkeit und Ungewissheit realisieren.

Die Notwendigkeit eines Zukunftsradars

Stellen Sie sich vor, ein praktischer Arzt lässt sich irgendwo in Deutschland nieder. Reicht das heutige medizinische Wissen für diesen Schritt? Wie viel Rechtswissen braucht der junge Mediziner? Hinzu kommt die betriebswirtschaftliche Seite, denn die Kostenlawine verbunden mit Leistungskürzungen nötigt ihn, ökonomisch zu

---

16. Walter Simon: *Methodenkoffer Grundlagen der Arbeitsorganisation*, Offenbach 2004 (GABAL); hier das Kapitel über Mind Map.

denken, selbst wenn ihm dieses zuwider ist. Die Geschwindigkeit des medizinischen Fortschritts zwingt ihn zu lernen und das Gelernte wieder zu verlernen, wenn es veraltet ist. Sie sehen: Unser Arzt braucht ein Radar in die Umwelt und die Zukunft hinein, um gekonnt zu navigieren. (Ergänzende und vertiefende Hinweise hierzu finden Sie in Kapitel D.3.1.)

Auch Sie sollten Ihr Radar einrichten und die Sie betreffende Umwelt abtasten. Sie sind auch gut beraten, sich einmal die Welt aus der Hubschrauberperspektive anzusehen, denn von dort aus, wo Sie jetzt stehen, erscheint die Erde als flache Scheibe. Aber Wahrnehmung und Wahrheit sind zweierlei und daher sollte Ihr Blick weit in die Zukunft reichen oder zumindest sollten Sie versuchen, den Nebel der Ungewissheit zu durchdringen, um Konturen zu erkennen. Werfen Sie einen Blick in die folgende Übersicht und fragen Sie sich, welche Zukunftsfaktoren sie betreffen könnten:

Technologische Zukunftsfaktoren	**Wirtschaftliche Zukunftsfaktoren**	**Gesellschaftliche Zukunftsfaktoren**	**Biosphärische Zukunftsfaktoren**	**Politische Zukunftsfaktoren**
Informatisierung Internetisierung Datenübertragung Virtualisierung Robotik E-Business Künstliche Intelligenz E-Learning Photonik Sensorik Biometrie Mikrosystemtechnik Mikroverfahrenstechnik Nanotechnik Bio- und Gentechnik Neue Werkstoffe	Interdisziplinarisierung Globalisierung Asien Dienstleistungen Quartarisierung Marktfragmentierung Digitales Geld Informierter Kunde Meereswirtschaft Weltraum Netzwerkwirtschaft Gesundheitskosten	Alterung Bevölkerungsschrumpfung Bevölkerungswachstum in der dritten Welt Wissenswachstum Individualisierung Feminisierung Convenience-Orientierung Erlebnisorientierung Verrechtlichung Neue Familienformen Interkulturisierung Religiöse Konflikte	Klimaveränderung Bodenerosion Waldvernichtung Trinkwasserknappheit Erdölknappheit	Europäische Integration Staatsverschuldung Ökonomisierung des Staates Internationale Kooperation Nahostproblem US-Einfluss Rolle und Bedeutung Chinas Sozial- und Steuergesetzgebung

Functional Food Mass-Customization Medizininnovationen Energieinnovationen		Ethnische Konflikte Kriminalisierung Extremismus Gesundheitsvorsorge Privatschulen		

Tabelle 11: Allgemeine Umwelt- und Zukunftsfaktoren

5.2 Ihre Stakeholder

Zur Analyse der Umwelt gehört auch die Frage nach den Erwartungen Ihrer Stakeholder. Während die Shareholder-Analyse die Erwartungen der Anteilseigner in den Mittelpunkt des Interesses stellt, fragt die Stakeholder-Analyse nach den Wünschen und Hoffnungen der sozioökonomischen Umwelt. Die strategische Planung und Unternehmensführung versucht nun, die Interessen beider Anspruchsgruppen in Einklang zu bringen.

Zu den Stakeholdern gehören die Mitarbeiter mit ihrem Anspruch auf Beschäftigung und Entgelt, die Kunden, die zu Recht Liefertreue und Qualität erwarten, die Lieferanten, die Kapitalgeber mit ihrer Erwartung der Zinszahlung und der Staat, der seine Steuergelder wenig zartfühlend einfordert.

Neben diesen unternehmensnahen Anspruchsgruppen, deren Beziehung auf Leistung und Gegenleistung beruht, gibt es unternehmensferne, wie Parteien, Verbände, Kirchen oder einzelne Bürger.

Sie können Ihre Anspruchsgruppen auch so unterscheiden:

- Gruppen aus dem engeren Umfeld des Unternehmens, also Mitarbeiter, Lieferanten, Kunden und andere, die direkt von den Handlungen des Unternehmens betroffen sind, und
- Gruppen aus dem weiteren Umfeld, also die Politik (etwa die Kommunen), nichtstaatliche Organisationen, einzelne Bürger und so weiter, die indirekt die Aktivitäten der Unternehmenstätigkeit wahrnehmen.

Als Ihr Strategiecoach bitte ich Sie, über diese Fragen nachzudenken:

Stakeholder-Analyse:
Was erwarten Ihre wichtigsten Stakeholder im Allgemeinen von Ihnen?

Kapitalgeber/Mitinhaber	Kommune/Stadt	Mitarbeiter
Kunden	Sonstige	Lieferanten

5.3 Ihr Markt

Sie wollen sich in der Uckermark mit einer Autowerkstatt selbstständig machen oder sich als Friseur irgendwo in der Lüneburger Heide niederlassen. Egal, wer oder was Sie sind, für Sie gelten die gleichen strategischen Grundüberlegungen wie für Mittel- oder Großunternehmen. Außerdem sind Sie nicht der Erste und Einzige auf dem Markt. Darum benötigen Sie Informationen über das mögliche Marktvolumen, die Marktanteile relevanter Mitbewerber, das durchschnittliche Marktwachstum und Ähnliches. Hierbei handelt es sich aber nur um Basisinformationen, die es Ihnen ermöglichen, die Attraktivität des Marktes ungefähr einzuschätzen. Ihren weiteren Informationsbedarf müssen Sie selbst definieren. Er ergibt sich aus den Besonderheiten Ihrer Branche und Ihres Unternehmens, dem anvisierten Markt, Ihrer Vision und Ihren konkreten Zielen. Werfen wir einen Blick auf die wichtigsten Faktoren.

Marktwachstum

Die bereits erwähnte PIMS-Studie sieht im Marktwachstum das wichtigste Kriterium für die Attraktivität eines Marktes. Marktwachstum ist dann gegeben, wenn das Marktpotenzial größer ist als das aktuelle Marktvolumen und dieses daher weiter ausbaufähig ist. In einer solchen Marktsituation kann ein Unternehmen wachsen, ohne seinen relativen Marktanteil zu vergrößern. Dabei kann das Marktwachstum mengen- und wertmäßig erfolgen. Marktwachstum ist insbesondere in jungen Märkten anzutreffen.

Die in Kapitel A.5.2 beschriebene Erfahrungskurve liefert die theoretische Fundierung. Je höher die Wachstumsrate eines Marktes und gegebenenfalls der eigene Marktanteil ist, umso günstiger die Rentabilität, dank sinkender Stückkosten. Daraus ergibt sich für Sie zwangsläufig das strategische Ziel, einen dominanten Marktanteil anzustreben. (Ergänzende und vertiefende Hinweise hierzu finden Sie in Kapitel A.5.1. »Die Erkenntnisse der Profit-Impact-of-Market-Strategiestudie«.)

Als Ihr Strategiecoach bitte ich Sie, über diese Fragen nachzudenken:

Ihre Marktanalyse: Wo stehen sie mit welchem Produkt/Angebot?

Entstehung	Wachstum	Stagnation	Degeneration
Produkt/Angebot:	Produkt/Angebot:	Produkt/Angebot:	Produkt/Angebot:
Produkt/Angebot:	Produkt/Angebot:	Produkt/Angebot:	Produkt/Angebot:

Marktgröße

Ihr anvisierter Markt muss groß genug sein, um Gewinne zu erwirtschaften. Grundsätzlich gilt: Je größer die Marktgröße, mit desto geringeren Margen können Sie ein Produkt verkaufen und trotzdem genügend Geld verdienen. Wenn Sie Ihr Produkt 100-mal als Marktzweiter statt nur 50-mal am Tag als Marktführer verkaufen, ist Ihnen Ihre Marktposition gleichgültig. Auch der eigene Marktanteil kann gering sein, wenn Sie große Mengen verkaufen. Der steigende Absatz führt zu Lerneffekten und beschert Ihnen sinkende Stückkosten. Dabei sollten Sie Ihren Blick in die Zukunft richten, denn Märkte sind empfindlich und dynamisch.

Doch wie lässt sich die Größe eines Marktes bestimmen? Hierzu ist ein Blick auf das Marktpotenzial notwendig.

Marktpotenzial/Marktvolumen

Das Marktpotential quantifiziert die potenzielle Aufnahmefähigkeit eines Marktes. Es beschreibt, wie viele Produkte ein potenzieller Kunde annäherungsweise kauft. Dies wird nun mit dem Marktvolumen verknüpft. Das Marktvolumen sagt aus, wie viele Produkte aller Anbieter in einem bestimmten Zeitraum abgesetzt werden. Wenn Sie nun das Marktvolumen mit dem Verkaufspreis pro Stück multiplizieren, erhalten Sie den Gesamtumsatz.

Hiervon ausgehend schätzen Sie nun Ihr angestrebtes Absatzpotenzial. Wie viele Produkte wollen Sie in einem bestimmten Zeitraum absetzen? Nun können Sie mithilfe der vorliegenden Zahlen Ihren Markanteil ermitteln.

Profitabilität

Am meisten interessiert Sie natürlich die Profitabilität des anvisierten Marktes. Sie hängt unter anderem von der Phase des Lebenszyklus ab, in dem sich das Produkt/Angebot gerade befindet. In der Wachstumsphase, wenn der zu verteilende Kuchen für alle groß genug ist, sind alle zufrieden. Anders ist es, wenn das Produkt/Angebot in die Stagnationsphase geht. Jetzt beginnt das Gehaue und Gezänk. Denken Sie nur an die Heerscharen von Taxifahrern, die um die Gunst der Kunden buhlen. Der Markteintritt war relativ leicht. Aber das Taxengewerbe ist längst unrentabel. Ein Marktaustritt scheidet jedoch aus, denn das wäre der Weg in die Arbeitslosigkeit.

Ähnlich ergeht es Unternehmen, die in eine sehr teure Maschine investiert und Mitarbeiter qualifiziert haben. Die Maschine wäre nur mit Verlust zu verkaufen und die Mitarbeiter nur mit sehr viel Problemen abbaubar. Also bleibt man im Markt, selbst bei geringen Renditen.

5.4 Ihre Branche

Ihr Unternehmen strebt danach, Wettbewerbsvorteile zu erzielen. Dazu bedarf es aber einer Markt- beziehungsweise Wettbewerbsstrategie. Zu diesem Zweck müssen Sie, so die Empfehlungen des amerikanischen »Strategiepapstes« Porter, vorab die wichtigsten Unternehmensziele, die Maßnahmen zu deren Realisierung sowie die eigentliche Wettbewerbsausrichtung festlegen. Das wiederum setzt voraus, zunächst den Wettbewerb und die beteiligten Akteure exakt zu untersuchen. Der Analyseschwerpunkt liegt in der Branche beziehungsweise bei Ihren unmittelbaren Konkurrenten, denn diese haben die größte Einwirkungskraft auf Ihr Unternehmen.

Porters Grundgedanke lautet, dass sich die Attraktivität Ihres Marktes vor allem durch die Marktstruktur bestimmt. Diese Marktstruktur wiederum beeinflusst Ihr strategisches Verhalten, welches wiederum Ihren Markterfolg bestimmt. Sie als Akteur sind nicht wirklich frei in Ihren Entscheidungen, sondern müssen sich der Branchenstruktur beugen. So ist der Erfolg Ihrer Firma also zumindest indirekt von der Marktstruktur abhängig. Die Struktur selbst wird durch diese fünf Kräfte geprägt, die genau zu analysieren Ihre Aufgabe ist, denn von hier droht Gefahr:

1. Grad der Rivalität unter den Wettbewerbern (zentrale Triebkraft)
2. Gefahr durch Markteintritt neuer Konkurrenten
3. Gefahr durch Ersatzprodukte
4. Verhandlungsmacht der Abnehmer
5. Verhandlungsmacht der Lieferanten

Je stärker die Bedrohung durch diese fünf Wettbewerbskräfte ist, desto unattraktiver ist die Branche und desto schwieriger ist es, einen nachhaltigen Wettbewerbsvorteil zu erzielen. Wie konkretisieren sich die Gefahren für Ihr Unternehmen?

1. Grad der Rivalität unter den Wettbewerbern

In einer Zeit, in der die Produktentwicklung und die Produktlebenszyklen immer kürzer werden, in der neue Technologien im Stundentakt entstehen, in der Marktgrenzen verschwinden, Branchen verschmelzen und sich Manager mit Samuraiprinzipien beschäftigen, wird der Überlebenskampf härter und feindseliger, selbst in Branchen, die bisher als bieder und beschaulich galten.

Preiskampf: C&A verkauft Autoversicherungen

Die Textilkette C&A steigt in das hart umkämpfte Geschäft mit Autoversicherungen ein. Die Zusammenarbeit mit dem Direktversicherer DA Direkt dürfte den Preiskampf in der Branche weiter anfachen.

C&A verspricht, bis zu 30 Prozent günstiger als andere Kfz-Versicherer zu sein. Der Textilhändler arbeite mit dem Kfz-Direktversicherer DA Direkt zusammen, teilte C&A mit ... Kfz-Versicherer liefern sich in Deutschland eine harten Preiskampf. Besonders günstig werden Policen über das Internet offeriert. Damit werden vor allem die Vertreter-Versicherungen unter Druck gesetzt. C&A steigt zu einem günstigen Zeitpunkt in das Geschäft ein. Im Spätherbst können die Kunden ihre Versicherungspolicen kündigen und zu einem anderen Anbieter wechseln.

Quelle: reuters, 9/2006

Ein Beispiel für den Grad der Rivalität unter Wettbewerbern

Während die achtziger Jahre noch die Jahre der geballten Fäuste waren, sind die neunziger die des Schlagabtausches. Der Strategieexperte Richard A. D'Avenie charakterisiert diese Situation als »Hyperwettbewerb«: »Hyperwettbewerb ist gekennzeichnet von raschen, intensiven Vorstößen, die dazu dienen, sich schnell Wettbewerbsvorteile zu erschließen und die Vorteile der Gegenspieler im Wettbewerb auszuschalten.«[17]

Selbst der Versuch, durch Kooperationen und strategische Allianzen dem Hyperwettbewerb zu entkommen, ist nichts anderes als ein Bemühen, zum »vornehmen« Konkurrenzkampf zurückzufinden. Unternehmer und Manager wollen Gewinnmaximierung durch Wettbewerbsvermeidung erreichen. Solche Fluchtversuche verkehren sich in ihr Gegenteil, sie heizen den Hyperwettbewerb an.

17. R. A. DAveni: *Hyperwettbewerb. Strategien für die neue Dynamik der Märkte*, Frankfurt/M. 1995 (Campus), S. 258.

Der Grad der Wettbewerbsintensität der Marktteilnehmer, der sich von einem friedlichen Nebeneinander bis hin zu aggressiver Rivalität bewegen kann, wird durch die Branchenattraktivität und die daraus resultierenden Positionskämpfe bestimmt. Eine Eskalation der Rivalität kann letztendlich dazu führen »dass alle Wettbewerber darunter leiden und am Ende schlechter dastehen als zuvor«[18]. Abbildung 15 zeigt, wovon der Rivalitätsgrad abhängt.

Abbildung 15: Determinanten der Rivalitätsstärke

2. Gefahr durch Markteintritt neuer Konkurrenten

Durch den Eintritt neuer Marktteilnehmer werden zusätzliche Kapazitäten in den Markt eingebracht. Solch ein Eintritt wird in der Regel mit hohem finanziellem Aufwand und aggressiven Preiskämpfen betrieben. Das ist unumgänglich, um Marktanteile zu erlangen, aber infolgedessen könnte die Rentabilität des ganzen Geschäftsfeldes sinken.[19]

18. Vgl. Michael Porter: *Wettbewerbsstrategie*, Frankfurt/M. 1992 (Campus), S. 42.
19. Hier zitiert nach Richard A. DAveni: *Hyperwettbewerb. Strategien für die neue Dynamik der Märkte*, Frankfurt/M. 1995 (Campus), S. 258.

Je dynamischer sich ein Markt entwickelt, desto kreativer und aggressiver werden die Eindringlinge. Die Platzhalter versuchen, mit Preissenkungen, exzessiver Werbung und zusätzlichen F&E-Kosten ihr angestammtes Revier zu sichern, und ebnen so den Weg in den Hyperwettbewerb. Für Peter F. Drucker ist klar, dass eine Verteidigungsstrategie lediglich Verluste eindämmt, aber keine Gewinne maximiert. Sobald der erste Eindringling seine Flagge auf fremdem Territorium gehisst hat, folgen andere Unternehmen »seinem Vorbild wie Haie, die vom Blutgeruch angelockt werden«.

Billige Pillen bei Schlecker, Lidl, DocMorris & Co.

Beim Verkauf von Medikamenten, bislang in der Hand selbstständiger Apotheker, bahnt sich in Deutschland eine Umwälzung an. Künftig sollen beliebige Großunternehmen die Lizenz zum Betrieb von Apothekenketten bekommen. ... Ein Umbruch mit gewaltigen Chancen, Risiken und Nebenwirkungen.

Der Grund für den Umbruch: 2008 wird der Europäische Gerichtshof (EuGH) voraussichtlich die Beschränkung kippen, dass Kapitalgesellschaften keine Apotheken eröffnen dürfen. Bis heute können in Deutschland nur Apotheker eine Apotheke eröffnen. ... Tausende selbstständiger Apotheken werden aufgeben müssen.

Eine Reihe von Unternehmen hockt in den Startlöchern: die Pharmagroßhändler Celesio oder Phoenix etwa, die bereits Apothekenketten im europäischen Ausland betreiben und hinter denen die schwerreichen Familien Haniel und Merckle stehen. Drogeriefilialisten wie Schlecker und dm sowie Lebensmittelriesen wie Rewe sondieren ebenfalls das Apothekengeschäft. ... Lidl-Gründer Dieter Schwarz hat an etlichen seiner Kaufland-Filialen bereits Apotheken im Angebot. Selbst Krankenversicherer prüfen, sich eigene Apotheken zuzulegen, berichten Insider. ... Eine gute Pharmazie bringt eine Gewinnmarge zwischen fünf und zwölf Prozent vor Steuern. ... Im Lebensmitteleinzelhandel wie im Medikamentengroßhandel sind schon Renditen von zwei bis drei Prozent ein Erfolg.

»Die Preise für Medikamente werden in Deutschland fallen, weil so viele neue Wettbewerber auf den Markt drängen.« DocMorris-Apotheken bieten rezeptfreie Mittel ... bereits heute um fünf bis zehn Prozent billiger an. Und wenn erst Discounter wie Schlecker den Markt aufmischen, dürften die Preise noch einmal ins Rutschen kommen.

Von den heute rund 20.000 selbstständigen Apotheken dürften in einigen Jahren noch 8.000 übrig sein, schätzt Apothekenberater Brodtkorb … Er wagt schon mal einen Blick in die Zukunft: »Im Jahr 2012 stehen etliche selbstständige Apotheken vor dem Verkauf an eine Kette und mehrere Hundert kurz vor der Insolvenz, da sie versucht haben, im Preiskampf gegen die Ketten zu bestehen.«

Quelle: *WirtschaftsWoche* 49/2007

Gefahren durch neue Anbieter: das Beispiel der Apotheken

3. Gefahr durch Ersatzprodukte

Mit einem innovativen, das eigene Erzeugnis obsolet machenden Produkt müssen Unternehmen ständig rechnen. Eine Verdrängung der existierenden Produkte kann durch die neuen Erzeugnisse wie auch durch Veränderungen im Konsumentenverhalten stattfinden.

Blende zu: die Traditionsfirma Leica steht vor dem Aus. Zu lange hat der letzte namhafte deutsche Kamerahersteller den Trend zur Digitaltechnik unterschätzt

Hanns-Peter Cohn gab sich ganz zuversichtlich. »Die Digitaltechnik«, erklärte der Chef der Kamerafirma Leica, sei »wie die E-Mail ein Ausdruck unserer Zeit« also nur ein kurzes »Intermezzo«. »Fotografieren«, sinnierte der Manager im September in einem *Spiegel*-Interview, »ist etwas anderes, etwas Besinnliches, das wird es immer geben.«

Zumindest für den traditionsreichen Kamerahersteller Leica ist das keineswegs mehr gewiss. Wenige Wochen nach seiner vollmundigen Ewigkeitsprognose für die herkömmliche Fotografie gab Cohn seinen Job in der Leica-Zentrale im hessischen Solms auf … Die Umsätze brechen weg und mit einem Minus von 15,5 Millionen Euro rutschte die Kultfirma im Ende März abgelaufenen Geschäftsjahr tiefer in die roten Zahlen als je zuvor im vergangenen Jahrzehnt. Kommt Ende Mai die eilig geplante Kapitalerhöhung nicht zustande, dürfte … der Weg zum Konkursrichter unausweichlich sein …

Nun rächt sich, dass die Traditionsfirma viel zu lange den Trend zur Digitaltechnik unterschätzte. … Eine digitale Spiegelreflexkamera für hohe Ansprüche, wie sie Canon, Nikon und Minolta seit Langem im Angebot haben, fehlt. Eine Kombi-Lösung, bei der analoge Spiegelreflexkameras mit ein paar Handgriffen in eine Digitalkamera verwandelt werden können, sollte eigentlich im Oktober auf den Markt gebracht werden und verzögert sich immer weiter. Nach neuester Planung sollen die 4.500 Euro teuren Adapter im Mai in die Geschäfte kommen. Dann könnte es womöglich zu spät sein. Mindestens 22 Millionen Euro muss Leica bei den seit Jahren vom Kursverfall gebeutelten Aktionären einsammeln, um weitermachen zu können.

Quelle: *Der Spiegel* 17/2005 vom 25.4.2005

Leica: ein lehrreiches Beispiel für die Gefahr durch Ersatzprodukte

4. Verhandlungsmacht der Abnehmer

Die Abnehmer »konkurrieren« mit der Branche, indem sie die Preise drücken, höhere Qualitäten oder bessere Leistungen verlangen und Konkurrenten gegenseitig ausspielen – alles auf Kosten der Rentabilität der Branche.

Um die interessantesten und zukunftsträchtigsten Kunden herausfiltern, empfiehlt Porter, diese vier Punkte zu prüfen:

1. *Kaufbedürfnisse der Kunden:* Sie prüfen, ob die Fähigkeiten und Leistungen Ihres Unternehmens ausreichen, um die Ansprüche einer jeweiligen Kundengruppe zu befriedigen.

2. *Wachstumspotenzial:* Dieses hängt wiederum von drei Faktoren ab:

- von der Wachstumsrate der Branche,
- von der Wachstumsrate des Marktsegmentes, in welchem der Kunde agiert, sowie
- von dem Ausmaß, in welchem sich in Zukunft der Marktanteil des Kunden in seiner Branche ändert.

3. *Strukturelle Position:* Hier fragen Sie sich, welche potenzielle Verhandlungsstärke der Kunde besitzt und inwieweit er gewillt ist, diese einzusetzen, um niedrigere Preise zu fordern.

4. *Bedienungskosten:* Hier analysieren Sie, in welchem Ausmaß Kosten bei der Auftragsabwicklung der jeweiligen Kunden entstehen. Hierbei werden das Auftragsvolumen, die benötigte Lieferzeit, Vertriebskosten, Stetigkeit des Auftragsflusses für die Zwecke der Planung und Logistik sowie der Zwang zur Auftragsfertigung oder Modifizierung berücksichtigt. Porter:

»Das grundlegende strategische Prinzip bei der Auswahl von Abnehmern besteht darin, gemäß den oben genannten Kriterien die günstigsten erreichbaren Abnehmer auszuwählen und zu versuchen, an sie zu verkaufen.«[20] (Ergänzende und vertiefende Hinweise hierzu finden Sie in Kapitel B.8.2 »Ihr Analyseinstrument: das Kundenportfolio«.)

Autokäufer können sich im Moment über so hohe Rabatte freuen wie kaum jemals zuvor, ermittelte eine aktuelle Markterhebung des Leverkusener Branchenbeobachters B&D-Forecast. Die Firma des Auto-Experten Ferdinand Dudenhöffer errechnete durchschnittliche Preisnachlässe von 13,9 Prozent für Privatkäufer. Wer ein neues Auto kauft, bekomme der Studie zufolge bei Tageszulassungen sogar 20 Prozent Rabatt. Während die Käufer sich die Hände reiben können, müssen die Autobauer bluten: Die Sonderaktionen reißen tiefe Löcher in ihre Bilanzen. Die durchschnittliche Gewinnmarge gegenüber dem Listenpreis verringert sich laut Dudenhöffer im Privatkundengeschäft um 13,9 Prozent, im Firmengeschäft ist diese Rate noch höher.
Quelle: Spiegel-online, 27.3.2006

Ein Beispiel für die Verhandlungsmacht von Abnehmern

5. Verhandlungsmacht der Lieferanten

Die relativ starke Position der Lieferanten besteht darin, dass sie Preise und Qualität bestimmen. Bei Branchen mit geringem Handlungsspielraum, bei denen Preissteigerungen nicht an die Kunden weitergegeben werden können, führt dieses zwangsläufig zu Rentabilitätseinbußen.

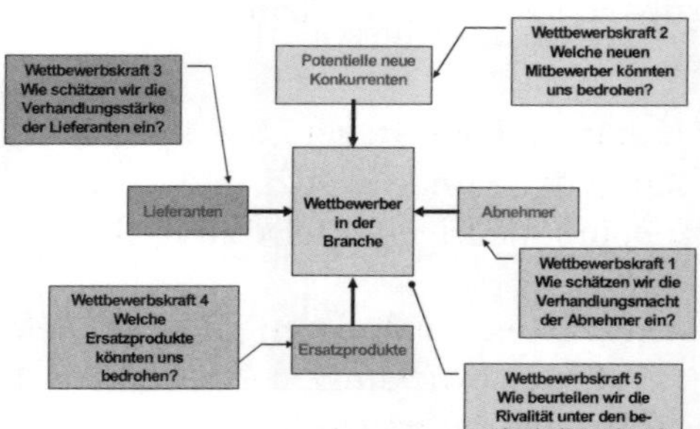

Abbildung 16: Ihre Strategiefragen, basierend auf Porters Five-Forces-Modell

20. Vgl. Michael Porter: *Wettbewerbsstrategie*, Frankfurt/M. 1992 (Campus), S. 163.

Um den Einfluss der Lieferanten möglichst gering zu halten, muss der Einkauf so gestaltet werden, dass die Ursachen der Lieferantenmacht überwunden oder neutralisiert werden können. Hierzu bieten sich folgende vier Maßnahmen an:

1. *Streuen der Einkäufe:* Das Auftragsvolumen mit jedem einzelnen Lieferanten muss so gestaltet sein, dass dieser weiterhin bemüht ist, die Geschäftsbeziehungen aufrechtzuerhalten. Eine zu breite Streuung sollte aber vermieden werden, da dadurch die Verhandlungsposition geschwächt und der damit verbundene mengenmäßige Kostenersparniseffekt nicht voll ausschöpfbar ist.
2. *Umstellungskosten vermeiden:* Die Flexibilität in der Auswahl der Lieferanten muss permanent gewährleistet sein, um auf markttechnische Veränderungen jederzeit reagieren zu können. Eine zu große Anbindung an technische Unterstützungen des Lieferanten sollte somit vermieden werden, um sich nicht zu stark vom Lieferanten abhängig zu machen.
3. *Zusätzliche Bezugsquellen fördern und unterstützen:* Ziel dieser Maßnahmen ist, die langfristigen Versorgungskosten und -risiken zu minimieren.
4. *Standardisierung fördern:* Für alle Unternehmungen einer Branche kann es ratsam sein, die Standardisierung technischer Spezifikationen in den Branchen zu fördern, aus denen sie ihre Ware beziehen, um somit die Produktdifferenzierung der Lieferanten abzubauen und den Aufbau von Umstellungskosten zu untergraben.

Die gewonnenen Erkenntnisse aus allen Feldern der Branchenanalyse fließen in eine SWOT-Analyse ein, um anschließend die Markt- beziehungsweise Wettbewerbsstrategie zu entwickeln. Wir kommen in Kapitel B.7 (»Welche Märkte wollen Sie zukünftig mit welchen Produkten/Angeboten bedienen?«) auf dieses Thema zurück.

Relativierung

Porters Theorie zur Markt- beziehungsweise Wettbewerbsstrategie stieß in den achtziger Jahren auf großes Interesse. Die neuen Denkansätze leuchteten ein, da sie eindeutig fundiert und deshalb wegweisend erschienen und es bis zu diesem Zeitpunkt noch keine ernst zu nehmende Theorie darüber gab, mit welcher Wettbewerbsstrategie ein Unternehmen seinen Konkurrenten entgegentreten sollte.

Es gibt allerdings auch kritische Stimmen, welche die Kernaussage Porters relativieren, dass sich ein Unternehmen für eine der drei Strategien – Kostenführerschaft, Konzentration auf Schwerpunkte, Differenzierung – entscheiden müsse und eine kombinierte Strategie (»zwischen den Stühlen«) langfristig nicht erfolgreich durchführbar sei. So liegen empirischen Untersuchungen vor, die zeigen, dass auch gemischte Strategien erfolgreich sein können. Auch Praktiker formulierten am Beispiel ihrer eigenen Unternehmen Einwände gegen die Behauptung der Unvereinbarkeit der Strategien, indem sie ihre Erfolge präsentierten.

Ein weiterer eventueller Problemfall bei der Nutzung des Five-Force-Konzepts ist der mit der Informationsbeschaffung verbundene zeitliche Aufwand. Welcher Mittelständler kann das leisten?

5.5 Ihre Konkurrenz

Ob und inwieweit die Stärken und Schwächen Ihres Unternehmens nützlich oder gefährlich sind, ist stets relativ. Sie müssen sie im Vergleich zu Ihren Mitbewerbern sehen. Darum ist die bereits beschriebene Stärken-Schwächen-Chancen-Risiken-Analyse untrennbar mit der Analyse Ihrer Mitbewerber verbunden. Zur Sicherung oder zum Ausbau Ihrer Branchenposition sollten Sie Ihre Konkurrenten genau untersuchen. Wer sind Ihre Mitbewerber? Welche Potenziale können diese in die Waagschale werfen? Welche Strategien verfolgen sie? Welches sind ihre Stärken und Schwächen?

(Ergänzende und vertiefende Informationen zur SWOT-Analyse finden Sie im Kapitel B.4.3.)

Märkte sind übersättigt, Unternehmen können oft nur noch wachsen, indem sie andere verdrängen. Gesetzliche Rahmenbedingungen werden gelockert, um den Wettbewerb zu fördern, so demnächst auch bei den Schornsteinfegern. Polnische Fliesenleger bieten sich via Ebay an, holländische Handwerker dürfen auch ohne Meisterbrief in Deutschland arbeiten. Merke: Die Konkurrenz lauert überall.

Die Identifizierung Ihrer Mitbewerber

Die Konkurrenzanalyse beginnt zunächst mit der Identifizierung der Mitbewerber. Vorab sollten Sie aber überlegen, nach welchen Kriterien dies geschehen soll. Einen möglichen Weg sehen Sie in Abbildung 17. Das größte Gewicht sollten Sie aber auf die direkten Konkurrenten legen, denn das sind Ihre Hauptgegner. Deshalb spricht man von einer »strategischen Gruppe«. Deren Mitglieder bewegen sich in den gleichen Marktsegmenten und verfolgen ähnliche Strategien, die sich nach Porter in diese drei Gruppen einteilen lassen:

	Produkte: gleich	Produkte: unterschiedlich
Kunden: gleich	**Direkte Konkurrenten** Bieten gleiche Leistung den gleichen Kunden an	**Indirekte Konkurrenten** Verkaufen unterschiedliche Leistungen an die gleichen Kunden
Kunden: unterschiedlich	**Produkt-Konkurrenten** Bieten gleiche Leistung mindestens zwei unterschiedlichen Kundengruppen an	**Implizierte Konkurrenten** Ein Kunde könnte sein Geld für viele Dinge ausgeben, u.a. für unsere Leistung.

Abbildung 17: Analyse der Mitbewerber

1. Strategie der Kostenführerschaft mit dem Ziel, durch niedrige Preise Marktanteile zu gewinnen
2. Strategie der Differenzierung mit dem Ziel, besondere Vorteile für den Kunden zu schaffen
3. Fokusstrategie in Richtung eines bestimmten Kundensegments oder einer Region

Ergänzende und vertiefende Informationen zu diesen drei Punkten finden Sie in Kapitel B.7.2 (»Ihr Weg über die Kostenführerschaft, Differenzierung oder Nischensuche«).

Es gibt mehrere Ansätze der Konkurrentenanalyse. So macht es Sinn, die gleichen Punkte zu prüfen, die man für das eigene Unternehmen beantwortet hat, also den gleichen Fragebogen beziehungsweise die gleiche Checkliste zu verwenden. Wenn Sie hierzu ein Stärken-Schwächen-Profil beziehungsweise ein Polaritätenprofil nutzen, dann zeichnen Sie eine Linie für Ihr Unternehmen und eine für Ihren Hauptkonkurrenten. Ein solcher Vergleich zeigt schnell und übersichtlich die Stärken und Schwächen beider Marktteilnehmer.

Als Ihr Strategiecoach bitte ich Sie, über diese Fragen nachzudenken:

1. Identifizierung Ihrer Mitbewerber bzw. Hauptkonkurrenten
Direkte Konkurrenten, indirekte Konkurrenten, Produktkonkurrenten, Implizite Konkurrenten (s.o.)

2. Diagnose der Ziele
Was meinen Sie, welche Ziele verfolgen Ihre Mitbewerber bezüglich etwa Marktposition, Investitionen, Vertrieb, Organisation, Rentabilität, Prestige, Personal u.Ä.?

3. Annahmen Was, meinen Sie, glauben Ihre Konkurrenten über sich selbst, über die Branche einschließlich aller Mitbewerber und Sie?
4. Analyse der Strategie Was meinen Sie, welche Strategie verfolgen Ihre Mitbewerber bzw. Ihr Hauptkonkurrent? *Die Strategie eines Konkurrenten stellt man sich am besten vor als Kombination seiner wichtigsten Instrumente in jedem Funktionsbereich mit der besonderen Art, wie er die Funktionsbereiche untereinander zu verbinden sucht. Diese Strategie kann explizit oder implizit sein, sie existiert immer in der einen oder anderen Form.*[21] Lassen sich Schwerpunkte feststellen? Sind eventuelle erkennbare Teilstrategien aufeinander abgestimmt? Ist ein Zusammenhang zwischen den Zielen und der Strategie erkennbar?
5. Stärken und Schwächen der Wettbewerber Wie schätzen Sie die Stärken und Schwächen Ihrer Mitbewerber bzw. Ihres Hauptkonkurrenten ein? Sind diese überhaupt in der Lage, strategische Maßnahmen zu ergreifen?

Schlussfolgerungen aus der Konkurrenzanalyse

Der letzte Schritt dient der Interpretation der gewonnenen Informationen. Was und wie Sie interpretieren, hängt natürlich von den vorliegenden Informationen ab. Aber zwei Faktoren, das Leistungsportfolio und die Finanzen, erlauben folgende Schlussfolgerungen:

- Ist das Angebot des Konkurrenten ein »Star« im Portfolio, dann stellen Sie sich auf einen aggressiven Marktauftritt ein.
- Sind Profitabilität und Cashflow[22] unzureichend, dann muss Ihr Mitbewerber seinen Ertrag verbessern und die Kosten senken. Auf dem Markt wird er sich eher zurückhaltend verhalten.

---

21. Vgl. Michael Porter: *Wettbewerbsstrategie*, Frankfurt/M. 1992 (Campus), S. 97.
22. Der Cashflow ist der aus laufender Umsatztätigkeit erzielte Nettozufluss liquider Mittel einer Periode.

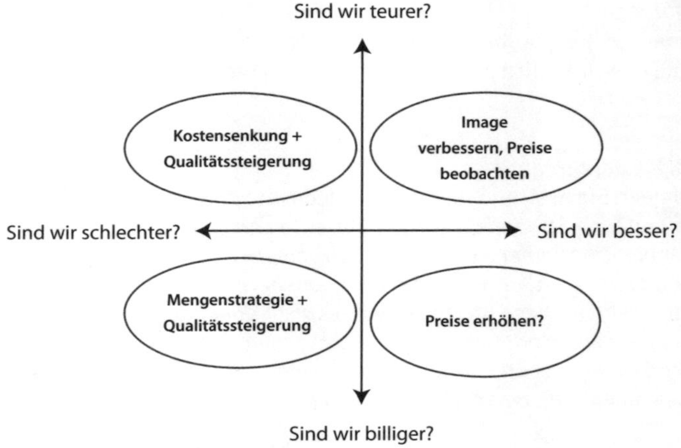

Abbildung 18: Schnellanalyse Ihrer Konkurrenz

Im Übrigen sei auf die Methoden der Bilanzanalyse verweisen. Hieraus lassen sich Hypothesen und Schlussfolgerungen generieren, die für Ihre eigenen strategischen Überlegungen nützlich sein könnten.

Informationen bringen Sie in Form. Je besser Ihre Informationen, umso geringer sind Ihre strategischen Risiken. Die Konkurrentenanalyse weist Sie zugleich auf Ihre eigenen Stärken und Schwächen hin und ist insofern ein gutes Instrument der Selbstanalyse. Wie Sie bewerten, ob getextet, mit Zahlen oder Plus-Minus-Zeichen bleibt Ihnen überlassen. Wichtig ist, dass Sie vergleichen, um schlussfolgern zu können.

Praxisbeispiel für die Konkurrenzanalyse

Ich habe hier als Beispiel drei Apotheken ausgewählt. Einer der Apotheker gehört zu meinem Freundeskreis, ihn habe ich gebeten, diese Analyse exemplarisch durchzuführen. Es mag sein, dass die Mitbewerber, wenn sie den Vergleich betrachten, Bedenken äußern, aber es geht ja eher um das Verfahren, weniger um die inhaltliche Gültigkeit, denn diese ist für Sie als Orts- und/oder Branchenfremde sicherlich uninteressant.

Konkurrenzanalyse	Eigene Apotheke	Apotheke B	Apotheke C
Bevorzugte Werbemanahmen			
Marketingstärken			
Ansehen bei Kunden	sehr gut	gut	gut
Marktanteil	40	35	25
Werbewirksamkeit	gut	gut	mittel
Kundenkarte	ja	nein	nein
Bonusprogramme	nein	nein	nein
Zielgruppen	alle	Einwohner	Einwohner
Bevorzugte Werbemaßnahmen	Prospekte		
Warum kaufen Kunden dort?	City/Lage	Nähe	Nähe
Einheitliche Werbeaussage	ja, XYZ…	nein	nein
Soziales Engagement	Hospiz	Jugend	ohne
Häufigkeit verkaufsfördernder Maßnahmen	oft	manchmal	nie
Lage, Ausstattung			
Lage: Wohngebiet		X	X
Lage: City/Lage	X		
Einrichtung	5 Jahre	10 Jahre	20 Jahre
Nähe zu Ärzten od. Arzthaus	20 Ärzte	11 Ärzte	5 Ärzte
Ladengröße qm	150	100	90
Ladengestaltung	modern	modern	altbacken
Techn. Ausstattung	modern	modern	unbekannt
Erscheinungsbild	modern	70er-Stil	altbacken
Finanzielle Stärken			
Steuerliches Betriebsergebnis	6,20%	8,00%	7,00%
Kosten in % vom Umsatz	30	20	25
Verschuldung	mittel	gering	hoch
Lagerbestand in % vom Umsatz	7	8	10
Eigene Räume	nein	nein	nein
Miete, Pacht	40.000	30.000	27.000
Operationale und organisatorische Stärken			
Mitarbeiterqualifikation	hoch	hoch	mittel
Freundlichkeit	mittel	hoch	hoch
Lieferservice	schnell	schnell	schnell
Eigenprodukte	50	20	20
Familienunternehmen	ja	ja	nein
Unternehmensführung	gut	sehr gut	gut
Flexibilität	hoch	hoch	hoch
Anzahl Mitarbeiter	5	3	3
Anzahl Approbierte	1	1	1
Konservatives oder progressives Unternehmen	progressiv	progressiv	konservativ
Strategie erkennbar?	ja	nein	nein
Verkauf			
Gesamte Kundenzahl	4.500	4.000	3.000
Großkunden (Krankenhäuser, Altenheime))	1 Altenh.	1 Krankenh.	keine
Kassenrezepte in % vom Umsatz	70	80	85
Selbsmedikation in % vom Umsatz	30	20	15
Zahl der Handverkäufe	1,75 Mio.	1,5 Mio.	1,3 Mio.
Gesamtumsatz o. MwSt.	ja	nein	nein
Versandhandelslizenz	nein	ja	nein
Ausrichtung auf spezielle Sortimente (Homöopathie)	nein	ja	nein
Ausrichtung auf Verschreibergruppe (Zuckerkranke)	ja	ja	ja
Wie positionierensich die Mitbewerber			
Marktführer	x		
Preisführer			
Qualitätsführer	x		
Spezialist		x	x

Abbildung 19: Konkurrenzanalyse, hier am Beispiel einer Apotheke

Marktsignale wahrnehmen

Zur Konkurrenzanalyse gehört, dass Sie lernen, Marktsignale wahrzunehmen und zu interpretieren oder sie selbst auszusenden. Marktsignale sind jegliche Handlungen Ihrer Mitbewerber, die Ihnen einen direkten oder indirekten Hinweis auf deren mögliche Vorhaben, Motive, Ziele oder interne Situationen geben. Manche sind vielleicht sogar Bluffs, mit denen Ihre Konkurrenten versuchen, Sie zu Maßnahmen zu verleiten, die für Ihr Unternehmen schädlich sind. »Das Verhalten der Wettbewerber erzeugt in vielfältiger Weise Signale. Manche sind Bluffs, andere sind Warnungen, wieder andere sind verbindliche Hinweise auf zukünftige Handlungsverläufe.«[23]

Schon der »Erfinder« des strategischen Managements, Igor Ansoff, empfahl, neben der »Real-Time-Reaktionsfähigkeit« Chancen und Risiken möglichst rasch zu erkennen. Das setzt aber eine gute Informationsversorgung Ihres Unternehmens voraus, zum Beispiel dass Sie

- Informationen kontinuierlich sammeln und analysieren und
- Signale aus dem Unternehmensumfeld »real time« aufgreifen.

Oft sind es nur schwache Signale, die bezüglich Herkunft und Auswirkung nicht einzuordnen sind, oft sind sie auch unbestimmt und unsicher, aber sie deuten eine Diskontinuität an. Im Laufe der Zeit verstärken sich die Signale, bis sie plötzlich zu harten Fakten geworden sind. Es ist nun Ihre Aufgabe, darin Chancen oder Risiken zu erkennen und entsprechend zu reagieren.

Marktsignale können viele Formen annehmen, je nach dem betreffenden Konkurrentenverhalten und dem gewählten Medium. Wenn eine Tankstelle in Hamburgs City-Nord neue Benzinpreise auf den Preistafeln anzeigt, ist das ein Signal für die anderen in der City-Nord ansässigen Erdölkonzerne. Auch neue Werbeinhalte haben Signalcharakter, ebenso wie Vorstandsbesetzungen, Unternehmenskäufe oder auch der Abschied von Branchengewohnheiten. Eine neue Speisekarte im konkurrierenden Restaurant kann für Sie

---

23. Vgl. Michael Porter: *Wettbewerbsstrategie*, Frankfurt/M. 1992 (Campus), S. 110.

als Besitzer eines anderen Restaurants ein Marktsignal sein genauso wie die Modernisierung eines am Markt präsenten Hotels für das Konkurrenzhotel. Marktsignale sind eine wichtige Informationsquelle. Michael Porter: »Marktsignale zu ignorieren heißt so viel, wie die Konkurrenten selbst zu ignorieren.«

Natürlich können Sie ebenfalls Marktsignale aussenden, etwa so:

- Defensive Signale: Sie geben Maßnahmen und Ziele bekannt, beispielsweise dass Sie mit Ihrem Marktanteil zufrieden sind, aber rationalisieren wollen. Zweck: Die Mitbewerber von Preiskämpfen abhalten.
- Aggressive Signale: Sie machen die Einführung eines neuen Produkts/Angebots im unteren Preissegment öffentlich bekannt. Zweck: Die Konkurrenz von einem Angriff abhalten.

Im immer härter werdenden Wettbewerb, dem sogenannten »Hyperwettbewerb«, werden aber auch Signale gesendet, um zu bluffen oder den Siegeswillen zu bekunden, nicht aber um eigene taktische Ambitionen publik zu machen. Es geht eher darum, den Konkurrenten implizit zu drohen. So hat Intel allen Klonproduzenten unmissverständlich signalisiert, sie mit allen »zur Verfügung stehenden Waffen zu bekämpfen«.[24] In der Softwarebranche werden Produkte angekündigt, die es noch gar nicht gibt. So sollen Kunden angespornt werden, lieber auf neue Produkte zu warten, als die der Konkurrenz zu kaufen.

In Kapitel D.3 (»Wie steuern und kontrollieren Sie den Erfolg Ihrer Strategie?«) gehe ich im Zusammenhang mit dem strategischen Controlling nochmals auf dieses Thema ein und weise auf die Bedeutung der strategischen Überwachung hin, denn es ist schlichtweg unmöglich, alle Aspekte des Marktgeschehens planerisch zu erfassen und Signale zu empfangen, die noch gar nicht gesendet wurden.

---

24. Richard DAveni: *Hyperwettbewerb. Strategien für die neue Dynamik der Märkte*, Frankfurt/M. 1995 (Campus), S. 341.

6. Wie sehen Sie Ihre Zukunft?

Auch Sie sind Zeuge gewaltiger Veränderungen in der Werte- und Denkstruktur, in der Berufs- und Leistungsorientierung, in den Lebens- und Erlebensformen, den wirtschaftlichen Austauschbeziehungen, in den Geschlechterrollen und den Kommunikationstechnologien. Diese Veränderungen werden auf unsere Lebensweise ebenso großen Einfluss haben wie einst die Erfindung des Faustkeils, die Beherrschung des Feuers und die Revolutionierung des Buchdrucks durch Gutenberg.

Was eine Sigmoidkurve zeigt

Der Prozess des Wandels lässt sich sehr gut mittels einer sogenannten Sigmoidkurve[25] darstellen, welche die wichtige Frage aufwirft: Schaffen wir die Kurve?

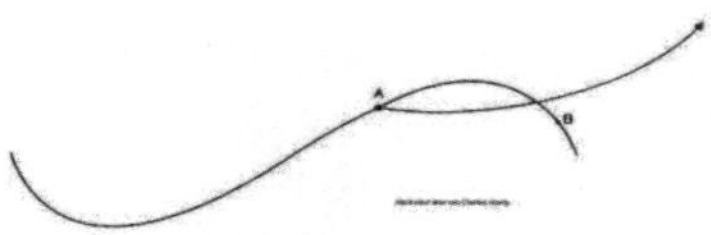

Abbildung 20: Das Auf und Ab, dargestellt mit der Sigmoidkurve

Das Leben eines jeden Menschen, Ihrer Firma, einer Mode, einer Nation oder einer ganzen Epoche lässt sich mit dieser Entwicklungskurve darstellen. Alle haben mal klein, langsam, zögerlich beziehungsweise weit unten angefangen, bekamen Schwung, sind groß geworden und nach oben gekommen. Irgendwann änderten sich die Randbedingungen oder die Menschen, Unternehmen und Organisationen wurden schwerfällig und so im Laufe der Zeit Betroffene und Beteiligte ihres eigenen Niederganges.

---

25. Eine Sigmoidfunktion (auch »Schwanenhalsfunktion« oder S-shaped function genannt) ist eine mathematische Funktion mit einem S-förmigen Schaubild. Hier zitiert nach einer Idee von Charles Handy: *Die Fortschrittsfalle. Der Zukunft neuen Sinn geben*, München 1998 (Goldmann).

Wenn Sie auch in Zukunft Erfolg haben wollen, sollten Sie mit dem Aufbau einer neuen Entwicklungskurve beginnen, bevor die erste ausgelaufen ist. Jede Situation verlangt irgendwann einmal nach einer zweiten Welle. Der richtige Zeitpunkt für den Beginn einer neuen Welle liegt in Punkt A, also dort, wo es noch aufwärtsgeht. Hier sind die Ressourcen für die zweite Welle aufzubauen. Aber leider beginnen die meisten Menschen und Organisationen erst bei Punkt B. Dann ist es aber oft zu spät.

Die Idee der strategischen Zukunftsarchitektur

Die Zukunft ist aber mehr als die Extrapolation der Vergangenheit und der Gegenwart. Vieles ahnen Sie heute schon, aber letztendlich wird es Ihnen so ergehen wie Kindern beim Öffnen einer Wundertüte. Wir kennen zwar die Kräfte, welche die Zukunft des Kapitalismus bestimmen, aber nicht deren konkrete Ausgestaltung. Das erschwert die Strategiefindung und -formulierung ungemein.

Hiervon ausgehend meinen die Strategieexperten Gary Hamel (London Business School) und Coimbatore Prahalad (University of Michigan), dass das traditionelle strategische Management sich zu sehr auf die Gegenwart und die nahe Zukunft konzentriere. Nach traditioneller Denkweise sind Strategien auf die Erzielung von Wettbewerbsvorteilen in einer stabilen Umgebung durch Ausnutzung von Kompetenzen und Ressourcen ausgerichtet. Man betrachtet dabei zu sehr Einflussfaktoren wie Branchenstruktur und Marktanteile, arbeitet mit Instrumenten wie Wettbewerbs- und Wertkettenanalyse, alles Dinge, die sich für bestehende Märkte eignen.

Es bestehen aber immer weniger stabile und prognostizierbare Bedingungen. Die traditionelle Positionierung des Unternehmens in einem bereits vorhandenen Umfeld führt nicht mehr zum langfristigen Erfolg. Digitalisierung, Deregulierung und Globalisierung veränderten Branchenstrukturen und -grenzen. Tchibo verkauft nicht mehr nur Kaffee, sondern *auch* Kaffee. An der Tankstelle können Sie *auch* tanken, wenn Sie Ihre Sonntagsbrötchen dort einkaufen. Junge, stark expandierende Märkte verändern die Spielregeln in dynamischen Sprüngen. Als Folge hiervon müssen Sie nicht nur Ihre direkten und bekannten Wettbewerber beobachten, sondern auch andere Marktteilnehmer, die mehr und mehr in Ihr Marktsegment eindringen. Für solche Entwicklungen eignen sich die bisherigen Strategiemodelle immer weniger. Sie sind zu schwerfällig, um das Unternehmen auf nicht vorhersehbare Veränderungen einzustellen oder zukünftige Märkte selbst mitzugestalten. Es kommt vielmehr darauf an, Vorteile aus der schnellen Ausnutzung unerwarteter und flüchtiger Chancen zu ziehen.

Als Ihr Strategiecoach bitte ich Sie, über diese Fragen nachzudenken:

✍ Fragen an das Heute	✍ Fragen an das Morgen
Welche Kunden bedienen wir heute?	Welche Kunden bedienen wir morgen? ....
Auf welchen Vertriebswegen erreichen wir die Kunden heute?	Auf welchen Vertriebswegen erreichen wir die Kunden morgen? ....
Wer sind unsere jetzigen Konkurrenten?	Wer sind unsere zukünftigen Konkurrenten? ....
Worauf gründet sich unser Wettbewerbsvorteil heute?	Worauf gründet sich unser Wettbewerbsvorteil morgen? ....
Woher kommen heute die Gewinne?	Woher kommen morgen die Gewinne? ....
Durch welche Fähigkeiten und Fertigkeiten unterscheidet sich unser Geschäft heute von anderen?	Durch welche Fähigkeiten und Fertigkeiten unterscheidet sich unser Geschäft morgen von anderen? ....

Vgl. Gary Hamel/Coimbatore Prahalad: *Wettlauf um die Zukunft*, Wien 1995, S. 40

Das Geschäft neu erfinden

Der Wettbewerb der Zukunft muss sich aber auf zukünftige Märkte konzentrieren, auf solche, die sich noch gar nicht voll herausgebildet haben.

Es werden neue Branchen durch die Kombination mehrerer alter Techniken oder durch einen Technik-Mix entstehen. Es geht in Zukunft nicht nur darum, sich auf Veränderungen einzustellen, sondern diese selbst aktiv mit herbeizuführen und zum eigenen Vorteil zu nutzen. Hamel und Prahalad bestreiten die Meinung anderer Strategieexperten, die von der Unbeeinflussbarkeit des Marktgeschehens durch Einzelunternehmen ausgehen. Ihrer Meinung nach hat ein Unternehmen gewisse Möglichkeiten, die Grenzen einer Industrie neu zu definieren oder neue Industrien zu schaffen. Nicht auf die Orientierung am Bestehenden, sondern auf die Schaffung neuer Geschäftsfelder beziehungsweise Wertschöpfungssysteme komme es zukünftig an.

Hieraus folgt, dass es heute nicht mehr darum geht, eine perfekte, punktgenaue Strategie zu entwickeln, sondern eine solche, die Ihr Unternehmen in die richtige Richtung führt. Statt Planung formal zu betreiben, muss mit ihr experimentiert werden, muss sie kontinuierlich konkretisiert und angepasst werden. Hamel und Prahald verwenden hierfür den Begriff »strategische Architektur«. Dieser Begriff soll den Unterschied zur traditionellen strategischen Planung verdeutlichen.

Diese zielt auf einen bürokratischen, inkrementalen und kurzfristigen Prozess ab, mit wenig Freiraum für Kreativität und mit fehlender Sinngebung. Anders ausgedrückt: Vielleicht ist es besser, die Gelegenheit beim Schopf zu packen oder die Widrigkeiten anzugehen, wenn sie auftreten.

Im Gegensatz zum konventionellen Strategiemanagement handelt es sich bei der strategischen Architektur eher um einen Bauplan für den Rohbau. Der Innenausbau muss je nach Situation und Problemstellung immer wieder neu erfolgen. In einer nichtlinearen Welt können nur flexible Strategien substanzielle neue Werte erzeugen. Das setzt aber den Mut zum Experimentieren voraus.

Unternehmen können sich selbst und die Spielregeln Ihrer Branche nur dann neu erfinden, wenn sie Meinungsvielfalt und eine umfassende Kommunikation innerhalb des Unternehmens und über die Grenzen hinaus ermöglichen. Nur eine solche Unternehmenskultur gewährleistet die nötige Kreativität, um unerwartete Chancen zu nutzen und flexibel auf Veränderungen zu regieren.

Hamels und Prahalads Strategievorstellungen entstanden aus einer genauen Betrachtung der Erfolge japanischer Unternehmen, die offenbar weniger von detaillierter Planung hielten als westliche Unternehmen. Die Meinung der beiden Wissenschaftler hinsichtlich Kreativität, Vielfalt und Experimentierfreude basiert auf den Erkenntnissen der Komplexitätstheorie. Demnach können Unternehmen dann am besten auf grundlegende Veränderungen reagieren, wenn sie nicht zu perfekt an ihre Umwelt angepasst sind. Das ermöglicht und begünstigt

- die Möglichkeit zur spontanen Selbstorganisation von Teams,
- das Tolerieren von paralleler Entwicklung, zum Beispiel für Produkt- oder Marktstrategien,
- das Reduzieren von Ängsten vor Veränderungen.

Tabelle 12 verdeutlicht den Unterschied zwischen der traditionellen strategischen Planung und der Idee der strategischen Architektur.

	Strategische Planung	Strategische Architektur
Planungsziel	Verbesserung der Marktposition und des Marktanteils	Neuformulierung der Spielregeln; Schaffen neuer Wettbewerbsräume
Planungsprozess	formal, auf strategische Geschäftseinheiten ausgerichtet fußt auf bestehender Branchen- und Wertschöpfungsstruktur Harmonisierung von Ressourcen und Plänen Kapitalverteilung auf konkurrierende Projekte	erforschend, offen basiert auf Diskontinuitäten und Kompetenzen Suche nach neuen Funktionen und Wegen zu deren Bereitstellung Erweiterung der Chancenhorizonte Unternehmen als Gesamtheit

Planungsressourcen	Führungskräfte der strategischen Geschäftseinheit wenige Experten Stabsstellen	viele Manager gemeinsames Wissen aller Linien- und Stabsmitarbeiter

Tabelle 12: Vergleich der strategischen Planung mit der strategischen Architektur (vgl. Gary Hamel/Coimbatore Prahalad: *Wettlauf um die Zukunft*, Wien 1995, S. 418)

7. Welche Märkte wollen Sie zukünftig mit welchen Produkten/ Angeboten bedienen?

Wenn Sie das 5. Kapitel dieses Hauptteils (»Wie sieht Ihr Umfeld aus?«) sorgfältig bearbeitet haben, wissen Sie nun mehr über Ihr Umfeld, insbesondere über mögliche Entwicklungen aus Wirtschaft und Gesellschaft, über Ihre Branche, den Markt, Ihre Mitbewerber und über sich selbst. Sie wissen, wo Sie stehen, und kennen Ihre Stärken und Schwächen. Vielleicht machten Sie sich sogar die Mühe der Zukunftsprognose mittels Szenarioanalyse. Die Wettbewerbsarenen sind bestimmt, die Diagnose liegt nun vor, als Nächstes folgt der Therapieplan.

7.1 Ihr strategischer Weg über die Kombination von Produkt und Markt

Natürlich haben Sie sich schon so Ihre Gedanken gemacht, wohin die Reise gehen soll, aber es fehlt an einem Kursbuch nebst Wegbeschreibungen. Natürlich ist Wachstum das Ziel der meisten Unternehmen, bedenken sollten Sie aber, dass es mehrere Wachstumspfade gibt. Beginnen wir zunächst mit der Produkt-Markt-Matrix von Igor Ansoff (1918–2002), einem der Väter des strategischen Managements.

Hierbei handelt es sich um ein Modell für mögliche strategische Entwicklungsrichtungen. Diese werden in die Kategorien Märkte und Produkte unterteilt. Durch Konzentration auf jeweils bestehende oder neue Märkte beziehungsweise Produkte ergeben sich nachfolgende Kombinationsmöglichkeiten.

Produkt/Angebot

Markt

	gegenwärtig	neu
gegenwärtig	*Marktdurch-dringung* Vergrößerung des Marktanteils	*Produkt-entwicklung* Neue Produkte ersetzen alte
neu	*Marktentwicklung* Neue Bedürfnisse mit den bestehenden Produkten erfüllen Neue Märkte	Diversifikation Neue Produkte Neue Zielgruppen Neue Bedürfnisse

Abbildung 21: Produkt-Markt-Matrix nach Ansoff

Dabei ist zu beachten, dass sich »neu« ausschließlich auf die Unternehmung bezieht. Märkte oder Produkte können für Ihr Unternehmen neu sein, obwohl sie der Wettbewerb bereits bedient.

Die Kombination Produkt/Markt bezeichnet man auch als das *Marktfeld*. Es zeigt Ihnen, an welche

- Zielgruppe sich das Unternehmen wendet und welche
- Problemlösungen angeboten werden.

Sie erkennen aus dem obigen Portfolio: Es gibt diese vier grundlegenden Wachstumsmöglichkeiten für Unternehmen:

1. Marktdurchdringung: verstärkter Verkauf vorhandener Produkte an bestehende Kunden
2. Marktentwicklung: Verkauf vorhandener Produkte an neue Kunden/Zielgruppen
3. Produktentwicklung: Verkauf neuer Produkte auf dem gegenwärtigen Zielmarkt
4. Diversifikation: Verkauf von neuen Produkten an neue Zielgruppen

Diese Strategieelemente und die dazugehörenden Instrumente haben zumeist eine wechselseitige Wirkung auf andere Strategieelemente. Ein besseres Produkt wirkt ebenso positiv auf die Marktdurchdringung wie diese umgekehrt auf die Marktentwicklung.

7.1.1 Strategie der Marktdurchdringung (Marktintensivierung)

Den vorhandenen Markt mit bestehenden Produkten stärker zu durchdringen, Marktanteile hinzuzugewinnen, ist die nächstliegende aller Wachstumsmöglichkeiten. Es ist sozusagen die »Urzelle« des strategischen Managements. Hier bewegen Sie sich auf vertrautem Terrain. Sie wissen um die Risiken, da Sie die Einflussfaktoren besser kennen als auf fremden Märkten. Sie wollen Umsatz und Gewinn steigern durch höhere Umsätze und Senkung der Stückkosten sowie Nutzung der Kostenvorteile mittels der Erfahrungskurve. Um das zu erreichen, müssen Sie das Verkaufsvolumen erhöhen und dabei auch neue Kunden gewinnen.

Die Stellschrauben für Ihre Durchdringungsstrategie erkennen Sie in Abbildung 22.[26] Basis ist die Formel

$$\text{Umsatz (U)} = \text{Preis (p)} \times \text{Menge (x)}$$

Sie wissen, Ihr Umsatz kann entweder durch Preiserhöhungen oder durch Mengenerhöhungen beeinflusst werden. Die Menge können Sie differenzieren, indem Sie sich die Kunden und die Kaufhäufigkeit der Kunden ansehen.

---

26. Vgl. Gerd Uhde: *Strategisches Marketing. Vom Ziel zur Strategie*, Berlin 2002 (Cornelsen), S. 58.

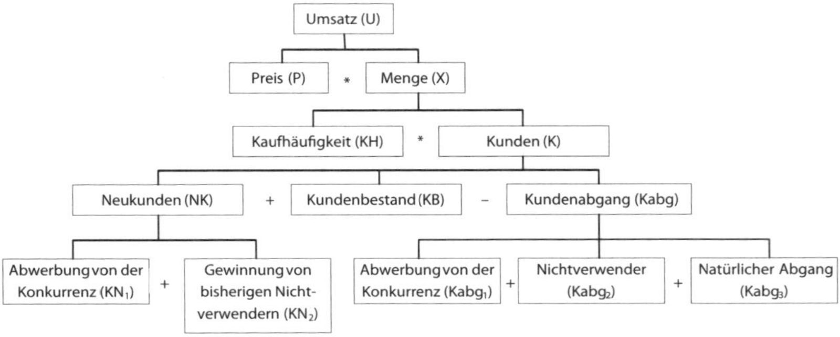

Abbildung 22: Die »Stellschrauben« der Durchdringungsstrategie

Hieraus ergibt sich die Umsatzformel:

$$U = p \times [KH \times (KN_I + KN_2 + KB\ K_{abg})]$$

Mittel und Wege der Marktdurchdringung

Viele Wege bieten sich an, den Markt zu durchdringen, unter anderem diese:

- größere Verpackungseinheiten
- Neukundengewinnung
- Erhöhung der Kaufintensität der eigenen Kunden
- Abwerbung von Wettbewerbskunden
- neue Distributionswege
- neue Vertriebsstätten
- Verkäuferschulung
- Werbung
- Preissenkungen und -differenzierungen
- Kundenbindungsprogramme

Sie können aktiv-aggressiv oder auch passiv-defensiv auf den Markt einwirken. Sie verhalten sich passiv, wenn es darum geht, erreichte Marktanteile zu verteidigen. Das kann ratsam sein, wenn der Markt ausgeschöpft ist und es sich nicht lohnt, um die verbliebenen

Brotkrumen zu kämpfen. Was aber, wenn Sie auch noch auf den Rest Appetit haben? Das ist legitim. Aber prüfen Sie vorher genau, ob Sie einen Wettbewerbsvorteil haben, den andere nicht so leicht imitieren können.

Denkbar ist aber auch der umgekehrte Weg, die aktive Marktdurchdringung. Das ist allerdings mit hohen Marktingaufwendungen verbunden oder setzt Preissenkungen voraus. Angesichts gesättigter Märkte bedeutet dies, Mitbewerbern etwas wegzunehmen. Das hat niemand gern. Es könnte sein, dass Ihre Mitbewerber mit der Preissenkungswaffe zurückschlagen. Wenn Sie ein junges Unternehmen sind, haben Sie aufgrund Ihrer kleinen Betriebsgröße kaum Möglichkeiten, mit Kosteneinsparungen auf der Basis von »Economies of Scale« sich zu wehren oder Zulieferern den Preis zu diktieren.

Zielgruppen bestimmen

Wenn Sie einen Markt sehr breit abdecken wollen, dann benötigen Sie ein Produkt/Angebot, das viele potenzielle Käufer anspricht. Das kennen Sie beispielsweise von dem Mars-Schokoriegel: »Mars macht mobil, bei Arbeit, Sport und Spiel.« Dieses Produkt richtet sich also an Berufstätige, Sportler und Kinder, ist für fast jede Zielgruppe geeignet, Sie können es überall kaufen und problemlos »anwenden«.

Etwas anders verhält es sich mit der Mobiltelefonie. Deren Produkte/Angebote richten sich an alle Menschen, aber die Handy-Kids sind anders anzusprechen als die Businesstelefonierer. Die einen suchen Lebensgefühl, die anderen wollen gute Erreichbarkeit. Sie als strategischer Planer benötigen unterschiedliche Vorgehensweisen und Werbebotschaften. Sie müssen Ihre Käufergruppen also gegebenenfalls segmentieren. Statt einer Einheitsstrategie bedarf es mehrerer differenzierter Strategien, je nach Gruppe und Bedürfnis.

Denkbar ist aber auch, dass Sie statt eines totalen Massenmarktes einen Teilmarkt total abdecken wollen. Dann müssten Sie aber die Verwendungsmöglichkeiten und somit die Kundengruppen reduzieren.

Falls Sie sich für eine Strategie der aktiven Marktdurchdringung entscheiden, dann achten Sie auf eine gut gefüllte Brieftasche, denn Output setzt Input voraus. Bedenken Sie bitte, dass Sie auf einem Käufermarkt agieren, das heißt einem Markt, in dem sich Ihre Kunden in einer verhandlungstaktisch günstigeren Position als die Verkäufer befinden. Hier ist das Wachstum meist begrenzt. Wenn das der Fall ist, müssen Sie sich für eine andere Wachstumsstrategie entscheiden oder sich auf ein kleines Marktsegment beschränken.

7.1.2 Strategie der Marktentwicklung (Marktexpansion)

Bei der Marktentwicklung wollen Sie bestehende Produkte auf neuen Märkten, gegebenenfalls national oder international, absetzen. Marktentwicklung beschränkt sich nicht allein auf die Ausdehnung des bestehenden Marktes eines Produkts, sondern impliziert auch die Schaffung neuer Märkte durch einen anderen Verwendungszweck des Produkts (»new uses«), durch Produktvariationen oder auch durch die Platzierung in ein neues Marktsegment hinein. So bietet beispielsweise Tchibo nunmehr auch in Baumärkten Kaffe und Aktionsartikel an.

Sie können Ihren Markt auf verschiedenen Wegen entwickeln, zum Beispiel durch die Erschließung zusätzlicher geografischer Märkte oder bisher nicht bearbeiteter Nachbar- oder Teilmärkte. Pharmahersteller bieten ihre Präparate neuerdings über Ärzte an, Umzugs- und Beerdigungsunternehmen kooperieren mit Wohnungsbaugesellschaften, die Deutsche Bank nutzt die Drogeriekette Rossmann für den Vertrieb von Krediten.

Das Beispiel Milchschnitte

Vielleicht lassen sich die Anwendungsmöglichkeiten Ihres Angebots erweitern, um zusätzliche Märkte zu erschließen. So wird beispielsweise die Milchschnitte, ursprünglich eine Fett-Zucker-Kalorienbombe für Kinder, als Energiespender für Sportler angeboten. Die Produktverpackung enthält den Aufdruck »Empfohlen vom Institut für Sporternährung e.V., Bad Nauheim«. Das Institut ist zwar nur ein Verein und der »Institutschef« ist Orthopäde, aber das weiß der Konsument nicht. Die tatsächlichen Eigenschaften des Produkts mussten nicht verändert werden, es reichte, die Eigenschaften süß und fett durch einen Dr. med. als energiespendend auszuloben.

Marktexpansion, insbesondere in der gesteigerten Form als Markterschließung, ist per se aktiv. Hier wollen Sie Ihr Angebot mit allem, was dazu gehört, in einen ganz neuen Markt drücken. Das bedeutet, dass Sie um Regalflächen in Supermärkten, um Aufmerksamkeit und Interesse von Käufern kämpfen.

Diese Strategie bietet sich für Unternehmen an, die eher produktorientiert und weniger marktorientiert arbeiten. Die Kompetenzen liegen vorwiegend auf einer spezifischen Technologie nebst dazugehörendem Produkt, weniger auf einem spezifischen Markt. Durch die Expansion in einen neuen, unbekannten Markt ist das Risiko dieser Strategie jedoch höher als das einer bloßen Marktdurchdringung.

Das Paradebeispiel für Marktdurchdringung und Marktexpansion: BIONADE

Das Kultgetränk BIONADE treibt mit Macht seinen nationalen und internationalen Vertrieb voran ... Neben den bereits existierenden Vertriebsmärkten in Österreich, der Schweiz und den Beneluxländern baut der Getränkehersteller derzeit seinen Vertrieb in Spanien, Portugal, Italien, Schweden und Irland aus. Dabei will das erst 1995 gegründete Unternehmen seinen Absatz nicht durch klassische Werbung pushen, sondern setzt wie in Deutschland vorerst auf virales Marketing und langsames Wachstum.

Schneller scheint es in Deutschland zu gehen. Hier wird BIONADE künftig auch im Steakhaus Maredo, der Fast-Food-Kette Joeys Pizza sowie bei McCafé zu haben sein. McDonald's baut derzeit unter dieser Marke 400 Coffee-Shops aus ... Zudem ist der Filialist Nordsee als Vertriebspartner im Gespräch. Den Vertriebsaktivitäten entsprechend soll der Absatz von BIONADE in die Höhe gehen: von 70 auf mindestens 200 Millionen Flaschen ... Die Erfolgsstory von BIONADE gilt als eine der größten Markenstorys der vergangenen Jahre ... Ohne Werbeunterstützung entwickelte sich die Marke zu einem Kultlabel, das seinen Absatz von zwei Millionen Flaschen in den Jahren 2002/2003 auf 20 Millionen Flaschen im Jahr 2005 steigern konnte.

Quelle: *Kontakter* 9.7.2007

Ein Paradebeispiel für Marktdurchdringung und Marktexpansion: BIONADE

7.1.3 Strategie der Produktentwicklung (Angebotserweiterung)

Hier versuchen Sie, neue Produkte oder Verfahren bei bereits vorhandenen Zielgruppen zu verkaufen. Ihre Chancen stehen gut,

- wenn noch keine Konkurrenzangebote existieren, Sie könnten Pioniergewinne realisieren;
- wenn eine hohe Kundenbindung gegeben ist;
- wenn das Ursprungsprodukt bekannt ist;
- wenn Sie Ihr Image auf das neue Produkt übertragen können.

Diese Strategievariante ist zweckmäßig, wenn Sie über hohe Kapazitäten verfügen, die nicht immer ausgelastet sind, und Sie neue Produkte auf vorhandenen Maschinen produzieren können.

Beispiele

Aber auch als Konsumenten werden Sie Zuschauer und Beteiligte von Produktentwicklungsmaßnahmen. Die Deutsche Post entwickelt den Markt, indem sie ihre Schalterräume zu Schreibwarenläden verwandelt. Sie verkauft nicht mehr nur die Briefmarken, sondern freigemachte Umschläge nebst Kartonagen. Mein Hautarzt behandelt nicht nur Hautkrankheiten, sondern pierct, kümmert sich um Glatzen und legt Permanent-Make-up auf. Gehen Sie zu Tchibo, trinken Sie eine Tasse Kaffee im Stehen und vergegenwärtigen Sie sich das Angebot dieses Kaffeerösters: Geldgeschäfte über Consors, Fertighäuser, Versicherungen, Reisen, Textilien, Haushaltsgeräte, tchibofonieren, Blumenversand, Reisen, Sportartikel und vieles mehr. Die Ausweitung des Angebots ist wenig kostenintensiv, da sich alles in den gleichen Räumen abspielt, kein neues Personal eingestellt werden muss und alles über die gleiche Verwaltung abgewickelt wird.

Wenn Sie ein Start-up-Unternehmen sind, dann hängen Ihre Chancen meistens vom Produkterfolg ab. Produkt und Geschäft hängen hier enger zusammen als bei einem Handelsunternehmen. Jedoch sind vorab zeit- und kostenintensive Forschungs- und Entwicklungsaktivitäten notwendig, sodass Risiken entstehen.

Produktentwicklung liegt auch vor, wenn ein Autohersteller seine Produktpalette erweitert, zum Beispiel VW nach oben (Phaeton), Daimler nach unten (Smart) oder Porsche in das Gelände (Cayenne).

Auch das Anbieten von Service- oder Beratungsleistungen fällt unter den Bereich Produktentwicklung. Sie kennen das, wenn Microsoft alle Jahre wieder ein neues Betriebssystem auf den Markt bringt oder sein Office-Programm ständig optimiert.

Sie müssen die Produkte, die Sie auf den Markt bringen wollen, nicht selbst entwickelt haben. Denkbar ist, dass Sie Patente aufkaufen oder fertige Produkte übernehmen, indem Sie als eine Art Generalvertreter fungieren.

7.1.4 Strategie der Diversifikation

Hier bewegen Sie sich weit weg von Ihrem vertrauten Revier. Die wesentlichen Gründe, warum sich Unternehmen in fremde Gewässer trauen, sind:

- Risikostreuung
- von Stammkunden unabhängiger werden
- die Branchenabhängigkeit reduzieren
- einem dominanten Wettbewerber ausweichen
- Gewinne reinvestieren

Im Kern geht es bei der Diversifikation darum, durch eine Kombination aus Markt- und Produktentwicklungsstrategie die bisherigen Aktionsfelder zu erweitern.

Diese drei Diversifikationswege bieten sich an:

1. Horizontale Diversifikation
Bei diesem Weg erweitern Sie Ihre Angebotspalette innerhalb Ihrer Branche. Angenommen, Sie sind ein Reifenhändler und nehmen artverwandte Angebote in Ihr Portfolio auf, zum Beispiel Anhängervermietung, Auspuffservice und Karosseriereparaturen. Oder denken Sie an ein Hotel, das im Bereich Partyservice tätig ist, oder an

eine Brauerei, die auch Limonaden herstellt. Es handelt sich hierbei eigentlich nur um eine Sortimentserweiterung.

2. Vertikale Diversifikation

Hierbei geht es um die Übernahme von Produkten oder Betrieben, die dem eigentlichen Produkt/Angebot vor- oder nachgelagert sind. Man spricht auch von vertikaler Integration.

Mein Zahnarzt betreibt ein eigenes Dentallabor. Dieses ist eine sogenannte Rückwärtsintegration. Eine Vorwärtsintegration ist gegeben, wenn Winzer ihren Wein selber vermarkten und so den Zwischenhandel umgehen. Bei der nach vorne gerichteten Diversifikation macht das Unternehmen seinen eigenen Kunden Konkurrenz. Auch wird die Branchenabhängigkeit nicht beseitigt, sodass sich die Risikosituation kaum ändert.

3. Laterale Diversifikation

Bei der *lateralen Diversifikation* sind Sie weit weg vom rettenden Ufer. Es besteht kein Bezug mehr zum vertrauten Produkt und Markt. Ein Malermeister erwirbt eine Gärtnerei, um sein Vermögen gewinnbringend zu investieren. Blumen sind zwar schön anzusehen, aber wenn man mit ihnen Geschäfte machen will, sollte man sich gründlich in die Floristik vertiefen, vorausgesetzt, man hat dazu die Zeit. Vielleicht ergeben sich gewisse Synergien, indem die Verwaltung beider Betriebe zukünftig unter einem Dach arbeitet, Mitarbeiter je nach Auftragslage mal hier, mal dort eingesetzt werden oder man die Werbung kombiniert betreibt. Vielleicht winkt Ihnen ein hoher Return on Investment oder Ihr eigenes Geschäftsportfolio-Risiko wird nachhaltig gemindert. Aber der Blick in die Diversifikationspraxis zeigt, dass die Liste der Misserfolge länger ist als die der Erfolge. Denken Sie einige Jahre zurück an folgende Diversifikationen:

- VW: Triumph-Adler
- Daimler: AEG-Telefunken, MBB, Dornier und MTU
- Preussag: TUI, Hapag-Lloyd
- Allianz: Dresdner Bank

Wenn Sie es dennoch versuchen wollen, dann prüfen Sie kritisch die vorhandene Managementkompetenz und sorgen für eine verbindende zentrale Idee.

Auch ist zu bedenken, dass sich die wissenschaftliche Literatur zum Thema Diversifikation überwiegend auf Großunternehmen bezieht. Außerdem widersprechen sich die vorliegenden Studien teilweise erheblich, sodass ich als Autor dieses Buches keine wissenschaftlich verbindliche Empfehlung geben kann. Es kommt sehr auf den Kontext an, wie ein Zitat des langjährigen Vorstandsvorsitzenden von General Electric, Jack Welch, verdeutlicht:

»Große Konzerne, die über genügend Mitarbeiter verfügen, sollen sich weiterhin in mehreren Branchen engagieren. Einem Mittelständler hingegen empfehle ich, sich auf seine Stärken zu spezialisieren. Das Gleiche gilt für Unternehmen, deren Kultur sehr stark durch das Kerngeschäft geprägt sind. Solange DaimlerChrysler und BMW also Autos bauen, ist alles in Ordnung. Tradition darf aber nicht lähmen. Auch wenn es wehtut, muss ein Unternehmen sich von traditionellen, aber unrentablen Produkten trennen. Sentimentalität ist nicht angebracht.«[27]

Die Erfolgschancen der Produkt-/Marktstrategien

Die PIMS-Datenbank gibt Auskunft über die Erfolgschancen verschiedener Handlungsoptionen. Demzufolge liegen die Erfolgschancen einer Marktdurchdringung bei 50 Prozent, die einer Marktentwicklungsstrategie bei 30 Prozent und die einer Produktentwicklungsstrategie bei 20 bis 30 Prozent. Bei der klassischen Diversifikation neue Produkte für neue Märkte liegen die Erfolgsfaktoren bei weniger als 10 Prozent.

Es wäre wenig zweckmäßig, eine der hier genannten Strategiearten vertiefend zu behandeln und die anderen auszuklammern. In der Praxis werden die vier Wege Marktdurchdringung, Marktentwicklung, Produktentwicklung und Diversifikation kombiniert. Dabei kommt es auf einen ausgewogenen Chancen-Risiken-Mix an. Abbildung 23 zeigt die Zu- und Abnahme von Chancen und Risiken. Es

27. http://www. manager-magazin.de, 2005

Abbildung 23: Zu- und Abnahme der Chancen und Risiken der Produkt-/ Marktstrategie

gibt sogar Unternehmen, die, um zu überleben, zur Diversifikation gezwungen waren. Der Krupp-Konzern würde heute noch Stahl kochen, wenn er sich nicht zum Hightech-Unternehmen gewandelt hätte. Mannesmann verdiente in der Mobiltelefon-Branche mehr als früher mit seinen berühmten Röhren.

Als Ihr Strategiecoach bitte ich Sie, über diese Fragen nachzudenken:

Welche Wege kommen für Ihr Unternehmen infrage?

Marktdurchdringung	Produktentwicklung
Marktentwicklung	Diversifikation

Konkretion und Relativierung

Die folgende Matrix, auf Igor Ansoff beruhend, aber vom US-Marketingstrategen Philip Kotler und anderen weiterentwickelt, konkretisiert die Überlegungen zum Wachstum des Marktanteils.[28]

28. Vgl. Philip Kotler: *Kotler on Marketing*, New York 1999 (The Free Press) sowie Modesto A. Madique/ Billie Jo Zirger: »A study of Success and Failure in Product Innovation: The Case of the U.S. Electronics Industry«, IEEE Transactions on Engineering Management, November 1984.

	Bestehende Produkte	**Modifizierte Produkte**	**Neue Produkte**
Bestehende Zielgruppe und geografischer Markt	Mehr unserer existierenden Produkte an unsere existierenden Kunden verkaufen (Marktpenetration)	Existierende Produkte modifizieren und mehr davon an unsere existierenden Kunden verkaufen	Neue Produkte entwerfen, die unsere existierenden Kunden ansprechen (Neuentwicklung)
Geografischer Markt	Markteintritt und Verkauf unserer Produkte in anderen geografischen Regionen (geografische Ausdehnung)	Anbieten und Verkauf von modifizierten Produkten in neuen geografischen Regionen	Entwicklung neuer Produkte für potenzielle Kunden in neuen geografischen Regionen
Zielgruppe	Vertrieb bestehender Produkte an neue Kundentypen	Angebot und Verkauf modifizierter Produkte an neue Kundentypen	Entwicklung neuer Produkte und Verkauf an neue Kundentypen (Diversifikation)

Tabelle 13: Die Modifikation der Markt/Produkt-Matrix durch Kotler

Hier werden die vier Definitionen des Originalmodells auf neun erweitert. Das ist insbesondere für Industrien/Unternehmen mit relativ kurzen Lebenszyklen sinnvoll, da der Unterschied zwischen *bestehendem* und *neuem* Produkt erhebliche Ausmaße haben kann und zwischen wirklich neuen Ideen häufig Generationen von modifizierten Geräten liegen.

Die Markt/Produkt-Matrix war ein Meilenstein in der Strategiegeschichte und hat zu ihrer Zeit großen Nutzen gestiftet. Das galt vor allem für die wachstumsintensiven Wirtschaftswunderjahre. Sie war und bleibt ein strategisches Grundwerkzeug. Aber ihre Anwendung offenbarte auch gewisse Schwächen, beispielsweise:

- Sie ist einseitig wachtumsorientiert und vernachlässigt andere Ziele.

- Es gibt auch Branchen und Situationen, in denen über Desinvestitionen nachgedacht werden muss.
- Sie fokussiert sehr stark den Markt und könnte die Mitbewerber und die Stakeholder aus den Augen verlieren.
- Sie ignoriert die Interdependenzen zwischen den vier beziehungsweise neun Matrixfeldern.

Diese Schwachstellen sind vielleicht auch der Grund, warum Unternehmen, hier insbesondere etablierte Marktakteure, sich nicht nur auf eines der vier Marktfeldschwerpunkte konzentrieren, sondern diese kombinieren. Die Produkte/Angebote verteilen sich dann auf zwei oder drei Felder der Matrix. Das wird an dem Strategiebeispiel der Axel Springer AG deutlich. Hier geht es zugleich um Marktdurchdringung, Marktentwicklung und Produktentwicklung.

Übergeordnetes Ziel: Nachhaltige Steigerung der Profitabilität	
Strategieziel 1 Marktführerschaft im deutschsprachigen Kerngeschäft	Investitionen im deutschsprachigen Kerngeschäft nur noch in Bereichen, in denen der Verlag eine führende Rolle einnehmen kann. Darum Konzentration auf Printmedienmarken (*Bild*, *Computerbild*, *Videobild*). Sie bieten die größten Potenziale zum Ausbau. Hier geht es um Marktdurchdringung.
Strategieziel 2 Internationalisierung	Erfolg durch weitere Internationalisierung im europäischen Kerngeschäft. Im Vordergrund stehen Osteuropa, insbesondere Polen und Ungarn, sowie Westeuropa, vor allem die Zeitungs- und Zeitschriftenmärkte in Frankreich und in der Schweiz. Hier geht es um Marktentwicklung.

Strategieziel 3 **Digitalisierung im Kerngeschäft. Das Internet wird ein selbstverständlicher Teil der Medienwertschöpfungskette. Die großen Marken des Hauses werden mit attraktiven Angeboten in digitale Vertriebswege transferiert.**	Das Prinzip für den Digitalisierungsprozess lautet »Eine Marke auf möglichst vielen Vertriebswegen«. Hier geht es um Produktentwicklung.

Praxisbeispiel für eine Unternehmensstrategie, hier Axel Springer AG, im Lichte der Produkt/Markt-Kombination

Ihr Analyseinstrument: die ABC-Analyse

Bei der ABC-Analyse handelt es sich um ein einfaches Hilfsmittel zur Bildung von Prioritäten. Ursprünglich wurde sie eingesetzt, um die umsatzstärksten Produkte im Produktionsprogramm eines Unternehmens zu ermitteln, aber sie eignet sich für viele Bereiche, zum Beispiel für die Kundensegmentierung (Wertigkeit von Kunden) oder die Qualitätssicherung (etwa das Erkennen häufigster Fehlerursachen und deren Beseitigung). Heute findet die ABC-Analyse aufgrund ihrer einfachen Anwendbarkeit und der Unabhängigkeit des zu untersuchenden Gegenstandes in vielen Gebieten Anwendung. Sie eignet sich also auch als Instrument der Produkt-/Angebotsanalyse.

ABC bedeutet im Zusammenhang mit der Produkt-/Angebotsanalyse:

- A = sehr profitable Produkte/Angebote
- B = profitable Produkte/Angebote
- C = unprofitable Produkte/Angebote

Als Ihr Strategiecoach bitte ich Sie, über diese Fragen nachzudenken:

Ihre ABC-Analyse

Ihre A-Produkte/ Angebote Umsatzanteil von ... bis ...	Ihre B-Produkte/ Angebote Umsatzanteil von ... bis ...	Ihre C-Produkte/ Angebote Umsatzanteil von ... bis ...

Durch das Festlegen von Prioritäten mittels ABC-Analyse können Sie Produkte/Angebote in eine ausgewogene Relation und in eine Rangordnung bringen, die der Bedeutung und dem Wert der einzelnen Produkte/Angebote für Ihr Unternehmen entsprechen. Hierbei werden der kumulierte Umsatzanteil und der kumulierte Produkt-/Angebotsanteil in Relation zueinander betrachtet und anschließend die Produkte/Angebote in verschiedene Kategorien unterteilt, zumeist A, B und C.

Das 80:20-Beispiel

Zur Darstellung der ABC-Analyse wird gern das 80:20-Beispiel genutzt, das der italienische Wirtschaftswissenschaftler Vilfredo Pareto (1848–1923) am Beispiel der Vermögensverteilung (80 Prozent des Vermögens liegen in den Händen von 20 Prozent der Bevölkerung) in die Diskussion einbrachte. Analog dazu zeigt Abbildung 29, dass mit lediglich 20 Prozent der Produkte/Angebote bereits 80 Prozent des gesamten Umsatzes erzielt werden (A- Produkte/Angebote), mit 30 Prozent der Produkte/Angebote 17 Prozent des Umsatzes (B-Produkte/Angebote) und mit 50 Prozent der Produkte/Angebote 3 Prozent des Umsatzes (C-Produkte/Angebote). Die ABC-Analysetechnik ermöglicht Ihnen also eine Konzentration auf wirklich wichtige Dinge, Kunden oder Produkte/Angebote.

Stellt man das Ergebnis dieses Beispiels grafisch dar, so erhält man eine Lorenzkurve. Je steiler die Kurve verläuft, desto höher ist die Konzentration des Gesamtumsatzes auf wenige Kunden bezogen.

Wenn Sie im Rahmen Ihrer ABC-Analyse nur den Umsatz als Indikator heranziehen, kann es zu problembehafteten Darstellungen kommen. So können A-Produkte/A-Angebote zwar einen hohen Umsatz erzielen, sich aber aufgrund hoher Kosten bei einer erfolgsorientierten Betrachtung als »Verlustbringer« erweisen. Der tatsächliche Deckungsbeitrag als Zuordnungskriterium zu A, B oder C eines Produkts/Angebots ist informativer.

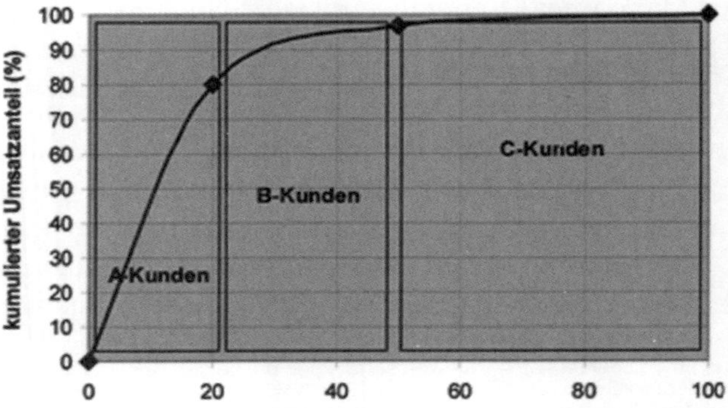

Abbildung 24: ABC-Analyse am Beispiel von Kunden oder Angeboten

Bitte bedenken Sie, dass sich die verwendeten Daten immer nur auf Vergangenheitswerte beziehen. So können zum Beispiel saisonale oder konjunkturelle Schwankungen verfälschte Periodenwerte verursachen, aus denen dann falsche Entscheidungen resultieren. Das soll Sie aber nicht davon abhalten, die ABC-Analyse zu nutzen, denn die Daten sind leicht zu beschaffen und sie ist einfach durchzuführen. Die Vorteile überwiegen die Nachteile.

7.2 Ihr Weg über die Kostenführerschaft, Differenzierung oder Nischensuche

Der bereits vorgestellte amerikanische »Strategiepapst« Michael Porter verneint die Existenz einer linearen Beziehung zwischen Marktanteil und Rentabilität. Im Gegensatz zur ebenfalls schon beschriebenen PIMS-Analyse meint er, dass das strategische Zielobjekt auch ein anderes sein kann als nur ein hoher Marktanteil, basierend auf Marktdurchdringung und -entwicklung, so wie vorstehend beschrieben. Es sieht folgende drei, schon in Kapitel B.5.4 (»Ihre Branche«) angedeuteten erfolgversprechenden Strategieansätze, nämlich

1. die Möglichkeit der Kostenführerschaft, verbunden mit einem hohen Marktanteil (Generalist mit viel Standardisierung);
2. die Differenzierungsstrategie (Spezialist mit entsprechender Fokussierung), diese führt zu einem relativ geringen Marktanteil, da das Unternehmen nur ausgesuchte Zielgruppen anspricht, aber mit hohen Renditen;
3. die Konzentration auf Angebotsschwerpunkten, und zwar so dicht an den Problemen der Kunden, dass diese bereit sind, einen Mehrpreis zu zahlen.

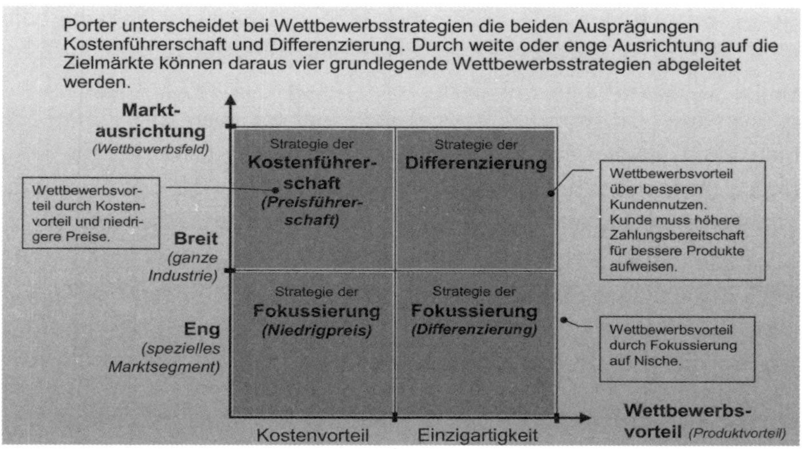

Abbildung 25: Die vier grundlegenden Markt- beziehungsweise Wettbewerbsstrategien nach Porter

Im Gegensatz zu diesen drei Strategietypen erreichen Wettbewerber, die sich »zwischen die Stühle setzen« (»stuck in the middle«), eher mittelmäßige Marktanteile und eine geringere Rentabilität. Darauf folgt, dass sie zu klein sind, um mit den Marktführern zu konkurrieren, und zu groß, um die Nischenvorteile der Spezialisten nutzen zu können. Ihre Positionierung ist zu unscharf, um von Abnehmern als attraktiv wahrgenommen zu werden. Darum ist eine »Strategie zwischen den Stühlen« zu vermeiden. Warum? Der Preiskampf wird andauern, nicht zuletzt aufgrund globalisierter Einkaufsmärkte. Das Internet sorgt für größtmögliche Preistransparenz. Während sich früher Hoch-, Mittel- und Niedrigpreis einigermaßen gleich verteilten, dünnt sich die Mitte immer mehr aus. Für die einen gilt »Geiz ist geil« und für die anderen »Es war schon immer etwas teurer, einen besonderen Geschmack zu haben«. Die einen wollen billig, die anderen wollen gut. Entsprechend müssen sich Unternehmen positionieren. Wer sich in der »goldenen Mitte« einrichtet, muss mit einem Zweifrontenkrieg rechnen. Den hat noch keiner gewonnen. Zumindest nicht zu dem Zeitpunkt, als Porter seine Theorie entwickelte. Das war in den frühen achtziger Jahren.

Heute herrschen andere Wettbewerbsbedingungen als damals. Neue Technologien und E-Commerce veränderten die Marktverhältnisse. Ausgereifte Prozesstechnologien befanden sich damals noch im Entwicklungsstadium, Customizing war noch unbekannt. Aber dann gab es einen durch die IT ausgelösten Sprung nach vorn. Das blieb nicht ohne Folgen für den Gegensatz von Kostenführerschafts- und Differenzierungsstrategie. Wir kommen unter B.7.2.4 (»Strategiekombinationen und hybride Strategien«) auf dieses Thema zurück.

Angesichts der bereits beschriebenen fünf Wettbewerbskräfte lassen sich drei strategische Grundkonzeptionen unterscheiden.

7.2.1 Strategie der Kostenführerschaft

Bei dieser Strategie versuchen Sie, auf der Basis des Erfahrungskurveneffektes die Stückkosten unter das Niveau der wichtigsten Wettbewerber zu senken und durch relativ niedrige Preise einen Wettbewerbsvorteil zu erlangen. So soll ein wirksamer Schutz gegen Ihre Konkurrenten aufgebaut werden, da diese einem längerfristigen Preiswettkampf nicht standhalten können. Das beste Beispiel für eine solche Strategie war der VW-Käfer in den ersten Jahrzehnten nach dem Zweiten Weltkrieg. Ähnlich ging Toyota in den achtziger Jahren des letzten Jahrhunderts vor.

Eine solche Strategie der Kostenführerschaft ist dann erfolgreich, wenn der Preis das entscheidende Kaufmotiv ist. Sie wendet sich also an den Preis-Käufer. Das bedeutet aber nicht, dass diese Käufer auf Design und Qualität verzichten. Die Kostenführerschaft darf Sie also nicht dazu verleiten, die Qualität Ihrer Produkte zu mindern, um ein niedriges Preisniveau zu erreichen. Es geht darum, innerhalb einer Qualitätsstufe der preiswerteste Anbieter zu sein.

Beispiel Aldi als Kostenführer

Niedrige Preise als Grundprinzip. Wird erreicht durch:
- Globalen Einkauf
- Kostengünstige Transporte
- Eingeschränktes Sortiment
- Günstige Finanzierungsbedingungen durch Lieferanten
- Spartanisch ausgestattete Filialen, meist in Randlage
- Aufbau eigener Handelsmarken zum Nachteil von Markenartikeln
- Einfach(st)e Geschäftsprozesse
- Verzicht auf Controlling und Stabsstellen
- Verzicht auf Jahrespläne, Orientierung an Ist-Daten

Beispiel für Kostenführerschaft Aldi

Voraussetzungen und Folgen dieser Strategie

Kostenführerschaft erfordert hohe Investitionen in moderne, hochautomatisierte Fertigungsmittel bei gleichzeitiger konsequenter Eliminierung von Fehlern, Doppelarbeit, überflüssigen Prozessschritten und anderen vermeidbaren Kostenfaktoren. Hier müssen Sie auch mit Anfangsverlusten rechnen. Durch den intensiven Aufbau von Produktionsanlagen sollen Betriebsgrößenersparnisse (Economies of Scale und Erfahrungskurveneffekte) erreicht werden, das heißt sinkende Stückkosten bei steigender Menge pro Zeiteinheit.

Zur Überwachung der Umsetzung dieser Strategie ist ein effizientes Kostenkontrollsystem in Verbindung mit einem wirksamen Berichtssystem unverzichtbar. Darum kann eine Kosten-Preis-Strategie oft nur von größeren Unternehmen wirksam genutzt werden.

Aber die Kostenführerschaft ist bedroht, unter anderem durch technologische Innovationen, die frühere Erfahrungen oder Lernen nichtig macht, durch Nachahmer der neuesten Produktionstechnik, durch zu starke Konzentration auf die Kosten bei gleichzeitiger Vernachlässigung der Technologie oder durch allgemeine Kostensteigerungen. Die Kosten-Preis-Strategie ist außerdem instabiler als die nachfolgend beschriebene Differenzierungsstrategie. Der Preiskunde wechselt schnell zur Konkurrenz, wenn diese das Produkt billiger anbietet. Man denke nur an Benzin, Heizöl oder Telefonanbieter.

7.2.2 Differenzierungsstrategie

Die Differenzierungsstrategie zielt darauf ab, das Produkt oder die Dienstleistung so zu modifizieren, dass ein einzigartig neuer Nutzen für Ihre Abnehmer entsteht, mit dem Sie sich von Mitbewerbern abheben. Das kann den Grund- oder auch den Zusatznutzen betreffen. Sie bauen beim Abnehmer Präferenzen zugunsten Ihres Produkts/Angebots auf, die es Ihnen ermöglichen, einen hohen Preis zu erzielen. Häufig übernehmen Marken die Aufgabe dieser Präferenzbildung.

Diese Wege der Differenzierung bieten sich an:

- Preis
- Markenbildung
- Image
- Support/Unterstützung
- Design
- Qualität

Wichtig ist aber nicht der wirkliche, sondern der vom Kunden wahrgenommene Unterschied. Außerdem garantiert eine Differenzierungsstrategie keine großen Marktanteile. Porsche wird nur von wenigen Menschen gekauft, solchen, die bereit sind, einen Image-Sonderpreis zu zahlen. Das gilt ebenso für die Produkte von Bang und Olufsen. Der Weg der Differenzierung ist vernünftig, aber nicht risikolos. So ist beispielsweise der Werbeaufwand immens hoch. Das Ergebnis muss die Kosten rechtfertigen. Nicht zu unterschätzen ist die Gefahr durch Nachahmerprodukte. Irgendwann ist dem Kunden der Vorteil nicht mehr so bedeutend, dass er dafür einen Aufpreis zu zahlen bereit ist, etwa für eine funkgesteuerte Armbanduhr.

Tegut: Ein Beispiel für eine erfolgreiche Differenzierungsstrategie im deutschen Lebensmitteleinzelhandel

Das Handelsunternehmens Tegut positioniert sich gegenüber wichtigen Wettbewerbern vor allem über eine Qualitätsführerschaft, viele Spezialitäten im Sortiment, eine hohe Markenidentität und eine Vertrauensführerschaft beim Konsumenten . Im Jahr 2004 wurde ein Gesamtumsatz von einer Miliarde Euro erzielt. Ungefähr 110 Millionen Euro entfielen auf die mittlerweile 1.800 Bio-Produkte. Das entspricht einem Umsatzanteil der Bio-Produkte von ca. 10 Prozent am Gesamtumsatz. Das umsatzbezogene Bio-Wachstum betrug im vergangenen Jahr 16 Prozent. Dies liegt bei Weitem über dem Durchschnittswert der Zuwachsrate anderer deutscher Handelsketten. Auch unternehmensinterne Verkaufsdaten von Tegut belegen, dass Bio-Produkte nicht in jedem Sortimentsbereich einen gleich hohen Marktanteil besitzen. Brot und Backwaren: 40 Prozent, Obst und Gemüse: 17 Prozent (in einzelnen Filialen bis zu 30 Prozent), Wurst, Fleisch, Molkereiprodukte: jeweils 10 Prozent, Trockensortiment: 6 Prozent, Wein: 11 Prozent.

1982 begann Tegut mit dem Handel von Bio-Produkten. 1993 überschritt das Unternehmen die 20 Millionen-Euro-Marke im Umsatz. Seit 1998 werden die Wachstumssprünge immer größer und nun peilt Tegut einen Bio-Anteil von 20 Prozent in den nächsten Jahren an. Thomas Gutberlet verweist darauf, dass die Zielgröße sicher nicht für jedes deutsche Unternehmen des Lebensmitteleinzelhandels realistisch wäre. Tegut ist in der privilegierten Lage, auf einen breiten bio-interessierten und loyalen Kundenstamm sowie auf eigene Verarbeitungsunternehmen in der Beschaffung von Fleisch-, Wurst- und Backwaren zurückgreifen zu können.

Tegut als Beispiel für eine erfolgreiche Differenzierungsstrategie

Der entscheidende Vorteil Ihres Produkts

Auf mindestens einem Gebiet müssen Sie besser sein als der beste Mitbewerber. Das erreichen Sie aber nur durch Konzentration auf ein Spezialgebiet beziehungsweise auf einen spezifischen Kundennutzen. Es ist unmöglich, bei mehreren Parametern Spitzenleistung zu erzielen, zum Beispiel das beste Allradauto mit dem besten Hybridmotor, den geringsten Abgaswerten und den besten Sicherheitswerten zu bauen. Nur wenn Sie Ihre Kraft auf ein oder zwei Wettbewerbsvorteile konzentrieren, werden Sie wahrnehmbar und erreichen dauerhaft Spitzenpositionen. Werfen Sie einen Blick in die Anwaltslandschaft: Der Alleskönner hat ausgedient, Fachanwalt für XYZ steht auf den Kanzleischildern. Ist dem Advokaten dann auch noch ein werbewirksamer Freispruch gelungen, wird er plötzlich als »Staranwalt« betitelt. Mit dieser Zentralkompetenz verhält es sich ähnlich wie in der biologischen Evolution. Dort gilt das »Gesetz des gegenseitigen Ausschlusses«. Demnach kann eine Spezies nur überleben, wenn sie zumindest eine lebenswichtige Aktivität besser beherrscht als ihre Feinde.

Im Gegensatz zur Kostenführerschaft beruht die Strategie der Differenzierung nicht auf Effizienz, sondern zielt auf Flexibilität und Anpassungsfähigkeit. Ihr Ziel ist, die Abnehmer an die Marke beziehungsweise das Unternehmen zu binden und die Preisempfindlichkeit zu verringern. Das schirmt Ihr Unternehmen auch automatisch von den Wettbewerbern ab. Wichtigstes Ziel ist dabei nicht das Erreichen von Marktanteilen, sondern den Markt so abzugrenzen, dass das Unternehmen innerhalb dieses Teilsegmentes eine Position des einzigartigen Nutzens erreicht.

Marktareal

Wie groß Sie Ihr Marktgebiet abstecken, hängt von Ihrem Produkt/Angebot ab. Als Rechtsanwalt sind Sie auf den Gerichtsbezirk beschränkt, bei dem Sie zugelassen sind. Als Arzt arbeiten Sie lokal, aber niemand verbietet Ihnen, Patienten aus anderen Gegenden zu behandeln. Ein Handwerker muss überlegen, bis zu welcher Distanz An- und Abfahrten noch wirtschaftlich sind. Als Händler könnten Sie theoretisch global agieren, Ebay und Co. machen es möglich. (Einer meiner Freunde verkauft auf der amerikanischen Ebay-Seite deutsche Bierkrüge zu Höchstpreisen. Think big!) Die Alpen sind keine Wirtschaftsgrenze mehr. Sie können problemlos per Internet Weiterbildungsdienstleistungen »Made in Germany« nach Namibia oder auf das Bismarck-Archipel verkaufen. Die räumliche Ausdehnung wird noch viel zu wenig strategisch genutzt, abgesehen von denen, die zu den Exportweltmeistern gehören.

Natürlich sollten Sie Lokalkolorit nutzen. Dresdner Christstollen ist ein Markenname. Es macht auch Sinn, die badische Herkunft eines Weines zu betonen. Berücksichtigen Sie also regionale Aspekte: Wenn Sie Senf nach Bayern verkaufen, sollte dieser süßlich schmecken, und als Autohersteller müssen Sie bei PKWs für einige Märkte das Lenkrad links montieren.

In technologischen Zukunftsmärkten macht die regionale Differenzierung wenig Sinn. Ob die Software aus der Uckermark oder aus Seattle kommt, ist unerheblich. Wichtig ist nur, dass die Software aus Deutschland in heimischer Sprache angeboten wird. Ebenso sollten Bedienerknöpfe an Geräten, welcher Art auch immer, in der Landessprache beschriftet werden.

7.2.3 Strategie der Fokussierung auf Schwerpunkte/Nischen

Viele Märkte sind heute gesättigt. Die Folge hiervon ist ein ruinöser Preiswettbewerb, den sich aber nur große und starke Unternehmen leisten können. Darum müssen kleine und mittlere Unternehmen nach einer Ausweichstrategie suchen. Diese könnte darin bestehen, sich auf Marktnischen, also auf einen bestimmten

- Teil des Produktsortiments,
- eine besondere Abnehmergruppe oder
- einen geografisch abgegrenzten Markt

zu konzentrieren, um so dem Preiskampf aus dem Wege zu gehen. Alle Tätigkeiten eines Unternehmens sind hier auf die Erfüllung der Bedürfnisse einer spezifischen Abnehmergruppe gerichtet. Das beste, aber auch schlimmste Beispiel sind die vielen Haarshampoons für Sonderzwecke, zum Beispiel für die Morgenwäsche von blonden, leicht fettenden, langen Haaren junger Frauen.

Die biologische Evolution scheint die Nischenstrategie zu bestätigen. Die Lebensfähigkeit von Organismen hängt davon ab, ob sie in der Lage sind, sich auf spezifische »ökologische Nischen« zu spezialisieren, das heißt, bei der Nahrungsaufnahme der Futterkonkurrenz der Artgenossen zu entgehen.

Diese Grundkonzeption, die sich eher an den Markenkäufer wendet, beruht auf der Annahme, dass das Unternehmen durch Spezialisierung auf bestimmte Kundengruppen einen Wettbewerbsvorteil gegenüber solchen Konkurrenten erzielen kann, die eine breite Marktausrichtung haben. Auch hier geht es letztendlich um Produktdifferenzierung, Kostenführerschaft oder eine Kombination der beiden Strategien, aber in einem speziellen Segment sehr gezielt angewendet.

Die Grundvoraussetzung, um eine Differenzierungs- beziehungsweise Nischenstrategie durchzuführen, ist die Segementierfähigkeit des Marktes. Sony beispielsweise praktiziert eine *branchenweite Differenzierungsstrategie.* Im Gegensatz dazu fährt Bang und Olufsen mit seinen extravaganten Produkten der Unterhaltungselektronik eine *branchenspezifische Differenzierungsstrategie.* Abbildung 26 aus dem Nahrungs- und Genussmittelsektor verdeutlicht solche produkt- und zielgruppenspezifische Segmentierungsstrategien.[29]

Gefahren einer zu starken Konzentration

Denkbar ist auch hier, dass sich das Blatt wendet, etwa indem sich die Kosten- beziehungsweise Preisdifferenz zwischen breiten Anbietern und dem Nischenanbieter so sehr ausweitet, dass der Vorteil des Nischenanbieters abnimmt. Auch ist es möglich, dass der Unterschied zwischen den Produkten im breiten Markt und den Nischenmärkten sich verringert oder die Konkurrenten Subnischen innerhalb der bedienten Nischen finden und diese aushöhlen. So versucht inzwischen fast jede Automarke, mit einem Premiummodell in die Edelnische einzudringen, selbst Volkswagen. So mancher Mercedesfahrer mag den Phaeton, aber es stört ihn das Kühleremblem mit

29. Vgl. TU-Berlin, Vorlesung vonKrystek u.a. »Strategisches Marketing«, Fachübergreifendes Studium, WS 2006/07.

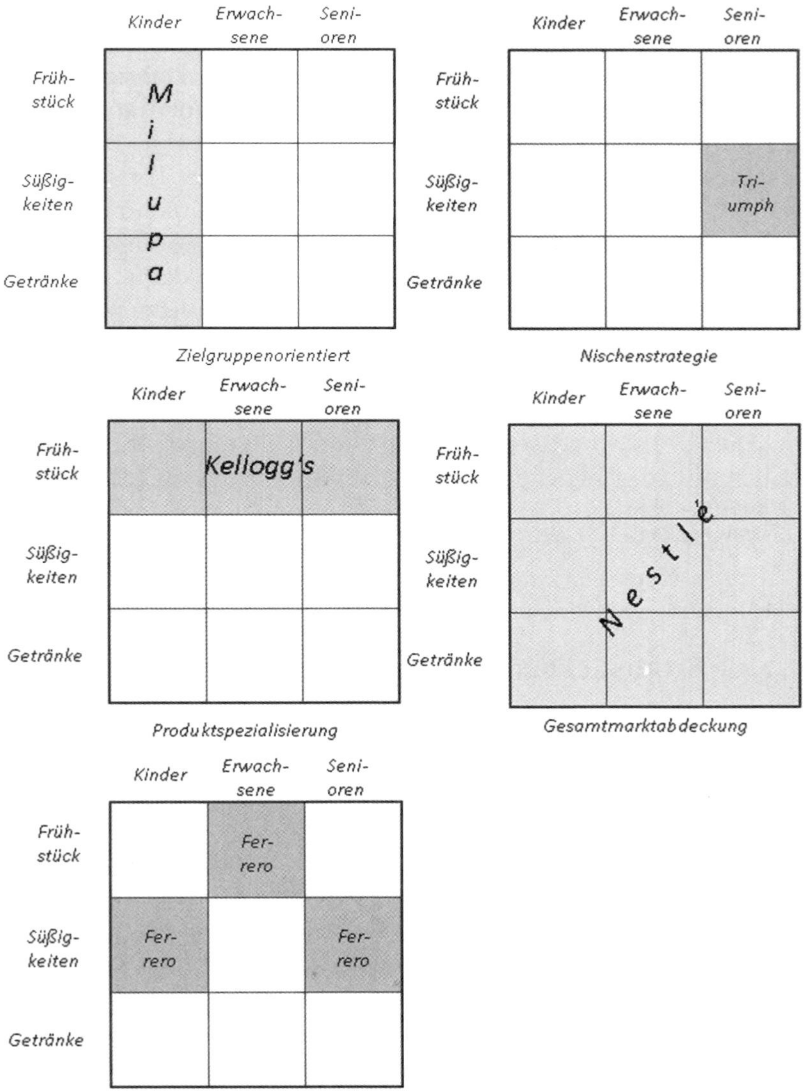

Abbildung 26: Beispiele segmentbezogener Differenzierungsstrategien

den Buchstaben VW. Weitere Gefahren liegen in der Übersegmentierung oder Überkonzentration. So wäre es unwirtschaftlich, Klopapier für Singlehaushalte mit nur 100 Blatt anzubieten. So warb Becks Bier lange mit dem Slogan »Becks Bier löscht Männerdurst«. Diese geschäftsschädliche Einschränkung wurde später durch »Becks Bier löscht Kennerdurst« ersetzt.

Als Ihr Strategiecoach bitte ich Sie, über diese Fragen nachzudenken:

Wo stehen Sie mit welchem Produkt/Angebot? Wo steht Ihr Unternehmen?

Kostenführerschaft	Differenzierung
Fokussierung (Personen, Regionen, Nischen)	

7.2.4 Strategiekombinationen und hybride Strategien

Sie dürfen die bisher dargestellten Strategiemöglichkeiten nicht so verstehen, dass Sie sich für eine entscheiden und dann an ihr starr festhalten sollen. Ihr strategischer Erfolg hängt nicht davon ab, ob Sie eine »Teilstrategie« konsequent durchsetzen, sondern von der synergetisch wirksamen Kombination verschiedener »Teilstrategien« zu einem konsistenten Strategiebündel. Es ist denkbar, eine Marktarealstrategie mit einer Marktdurchdringungsstrategie in einem ganz bestimmten Marktsegment zu verknüpfen. Das Beispiel der Henkel-Strategie zeigt das mit der Aussage: »Mit unseren Marken sind wir sowohl im Premium-Segment als auch im Niedrigpreis-Segment vertreten.« Denkbar ist aber auch der Wechsel von einer Strategie in die andere.

Hierzu ein Beispiel, an das Sie sich vielleicht erinnern: Vor 25 Jahren folgten japanische Autohersteller dem Prinzip der Kostenführerschaft und konnten ihre PKWs preisgünstig anbieten. Deutsche

Hersteller setzten auf Differenzierung und waren dementsprechend teurer.

Diese »strategische Reinheit« ist verschwunden. Japanische Hersteller produzieren sehr große Serien auf der Basis von Skaleneffekten und Lernkurve und differenzieren sich zugleich mit bester Qualität, ohne dass der Abnehmer große Zuschläge zahlen muss. Auch BMW und Daimler haben begriffen, dass sie hohe Stückzahlen benötigen, um beim Preis mithalten zu können. Das Schweizer Uhrenunternehmen Swatch beweist ebenfalls, dass sowohl ein Kostenvorsprung als auch ein Differenzierungsvorteil machbar sind.

Als Folge hiervon entwickelt sich immer stärker der Typ hybrider Strategien. Hier wird nicht nur ein einziger Wettbewerbsvorteil generiert, entweder Kosten oder Qualität, sondern es werden die Vorteile beider miteinander verbunden. Die Frage lautet nicht mehr: Beschreiten wir die Kostenführerstrategie oder eine qualitätsorientierte Differenzierungsstrategie. Sondern: Wie kombinieren wir Differenzierung und Kostenvorteil so, dass der Markt sie positiv wahrnimmt und wir eine Alleinstellung erlangen?

Das ist unter anderem auch deshalb notwendig, weil sich der Markt ständig ändert, sodass Sie die Gewichte in Ihrem Strategiebündel verschieben müssen. Wenn Sie ein Produkt/Angebot neu auf den Markt bringen, werden Ihre Mitbewerber versuchen, Sie auf dem Feld des Preises zu schlagen. Wenn sich dann noch ein gewisser Qualitätsstandard im Markt herausgebildet hat, müssen Sie in den Kostenwettbewerb eintreten, also in eine Preis/Mengen-Strategie überwechseln. Vorher sollten Sie allerdings Ihre »Innovationsrente« abgeschöpft haben.

Sie werden an dieser Stelle Einspruch einlegen, indem Sie auf Porters Warnung hinweisen, sich nicht »zwischen die Stühle zu setzen«. Das stand schwarz auf weiß in Kapitel 7.2, aber schon dort mit dem Hinweis auf die jetzt folgenden Einschränkungen. Dort wurde bereits auf die informationstechnologischen Sprünge der letzten zwei Jahrzehnte hingewiesen und die enormen Entwicklungen im Prozessmanagement. Das wusste oder ahnte Porter nicht, als er seine Empfehlung abgab. Neue Fertigungstechnologien, vor allem die computerintegrierte Produktion und flexible Fertigungssysteme,

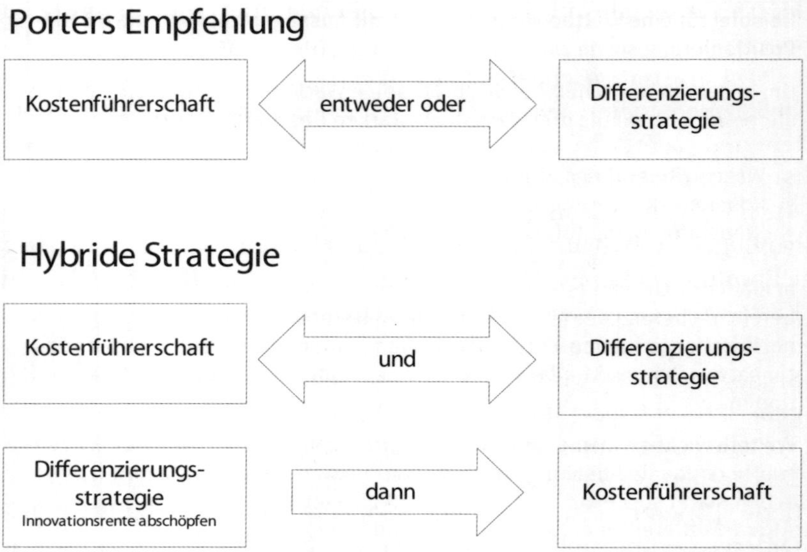

Abbildung 27: Hybride Strategien im Vergleich zur Porters Strategielehre

lösen den strategischen Zielkonflikt zwischen Flexibilität (Variantenvielfalt) und hoher Qualität einerseits und Produktivitätskosten andererseits ab – vorausgesetzt, sie werden im richtigen strategischen Kontext angewendet. Ergänzend konnten mit Kaizen, Six Sigma beziehungsweise Total-Quality-Management, welche Methode auch immer angewendet wurde, Kostenführerschaft und Differenzierung verbunden werden. Mass Customization beschreibt die prinzipielle Möglichkeit, beide Strategieansätze zu verschmelzen, denn hier ist die Variantenvielfalt der angebotenen Produkte so groß, dass jedem Kunden Sonderwünsche erfüllt werden. Der Preis eines kundenindividuellen Produkts entspricht ungefähr dem Preis eines vergleichbaren Standardangebots.

Beispiel für eine Wettbewerbsstrategie mit Aussagen zur Produkt-/Markt-Positionierung sowie zur Portfoliogestaltung (Henkel AG)

Um unser strategisches Ziel des profitablen Wachstums zu erreichen, fokussieren wir uns auf die drei wachstumsstarken Geschäftsfelder

- Wasch-/Reinigungsmittel,
- Kosmetik/Körperpflege und
- Klebstoffe, Dichtstoffe und Oberflächentechnik.

In allen drei Geschäftsfeldern verfügen wir mit unseren vier Unternehmensbereichen bereits heute über führende Marktpositionen, die wir allerdings noch weiter ausbauen wollen. Dabei setzen wir nicht nur auf organisches Umsatzwachstum, sondern auch auf Wachstum durch ausgewählte Akquisitionen.

Weitere wichtige Elemente unserer langfristigen Strategie sind der konzentrierte regionale Ausbau unserer Präsenz im profitablen nordamerikanischen Markt sowie ein starker Fokus auf die Wachstumsmärkte Osteuropa, Afrika/Mittlerer Osten, Asien/Pazifik und Lateinamerika. ...

Für unser weiteres Wachstum spielen unsere starken Marken und erfolgreichen Technologien eine entscheidende Rolle. Mit unseren Marken sind wir sowohl im Premium-Segment als auch im Niedrigpreis-Segement vertreten. ... »Eine Welt der Marken«, das Titelthema dieses Geschäftsberichts, steht für eine ausgewogene Mischung internationaler sowie regionaler und lokaler Marken. Diese stärken wir sowohl durch die Entwicklung qualitativ hochwertiger und innovativer Produkte als auch durch Werbemaßnahmen. ...

Unser Ziel ist, den Umsatzanteil, den wir mit neuen Produkten innerhalb eines Zeitraums von drei Jahren erzielen, von 25 Prozent auf 30 Prozent zu steigern.

Im Rahmen unserer Finanzziele 2008 wollen wir nicht nur den Umsatz organisch steigern, sondern gleichzeitig das betriebliche Ergebnis und das Ergebnis je Aktie überproportional erhöhen. Zudem soll die Rendite auf das eingesetzte Kapital (ROCE) weiter gesteigert werden. Um dies zu erreichen, werden wir uns noch stärker auf Produkte mit höheren Deckungsbeiträgen konzentrieren und eine weitere Verbesserung der operativen Margen in unseren Wachstumsmärkten anstreben. Darüber hinaus wollen wir entlang der gesamten Wertschöpfungskette noch effizienter werden.

Auch im Jahr 2006 sind wir unseren Finanzzielen 2008 wieder einen Schritt näher gekommen:

- Organisches Umsatzwachstum p.a.: 3 bis 4 Prozent
- Umsatzrendite (EBIT): 12 Prozent
- ROCE: 16 Prozent
- Wachstum Ergebnis je Aktie p.a.: um 10 Prozent

Beispiel für eine Wettbewerbsstrategie mit Aussagen zur Produkt-/Markt-Positionierung sowie zur Portfoliogestaltung

7.3 Ihr Weg über das Produkt-/Geschäftsfeld-Portfolio

Besitzen Sie ein Aktiendepot? Falls ja, dann haben Sie nicht nur Aktien einer Firma, sondern ein Wertpapier-Portfolio. Wahrscheinlich mischten Sie Ihre Anlagen so, dass Risiken durch die ertragsstärkeren Aktien ausgeglichen werden. Einige Ihrer Papiere sind riskant, dafür aber sehr profitabel, andere sehr sicher, zugleich aber ertragsschwach. Dieser Mix soll Ihnen eine langfristige und stetige Ertragssteigerung sichern.

Dieses Prinzip wurde in die strategische Planung und Unternehmensführung übertragen. Unter einem Portfolio versteht man die Gesamtheit der Produkte oder Dienstleistungen, mit denen sich Ihr Unternehmen auf dem Markt präsentiert. Das Prinzip des Portfolios liegt in der optimalen Verteilung der (Geld-)Mittel auf verschiedene Unternehmensbereiche oder Produkte.

Grafische Grundlage ist ein quadratisches Feldersystem. Es wird mit einem zweidimensionalen Beurteilungsraum in Form einer Matrix dargestellt. Das Schema arbeitet mit zwei Variablen, die auf der Abszisse und der Ordinate abgebildet werden. Die Variablen können sich auf vieles beziehen, zum Beispiel auf die Stellung der Mitbewerber oder die eigenen Produkte/Angebote. Im Falle der berühmten Vier-Felder-Matrix der Boston Consulting Group bezieht sich die vertikale Achse auf den nicht beeinflussbaren externen Sachverhalt »Marktwachstum« und die horizontale auf den internen und beeinflussbaren Sachverhalt »Marktanteil« (Abbildung 28). Diese beiden Variablen können nun als hoch, mittel oder niedrig quantifiziert werden oder durch ein Punkteraster abgebildet werden.

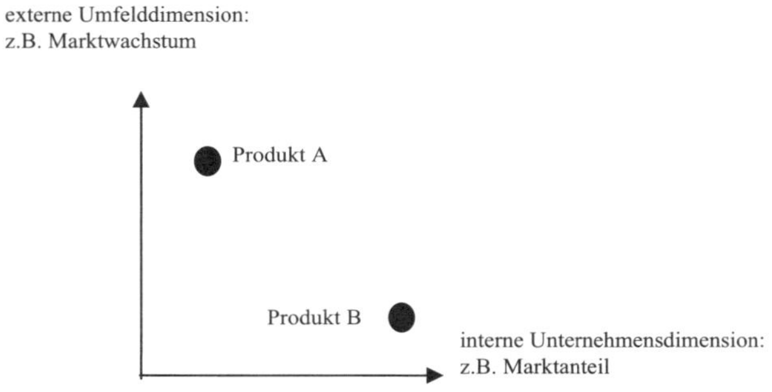

Abbildung 28: Portfoliogrundmodell hier mit den Achsen Marktanteil und Marktwachstum

Andere Portfoliomodelle arbeiten mit den Achsen »Marktattraktivität« und »Wettbewerbsvorteil« oder stellen unternehmensbezogene Ressourcen, vor allem technologische Potenziale, in den Vordergrund. Zwei in diesem Buch schon vorgestellte Konzepte stehen hinter der Portfoliomethode: die Erfahrungskurve und der Produktlebenszyklus. Der Wert auf der Ordinate hat demnach eine direkte Beziehung zur Produktlebenskurve, während der relative Marktanteil in Verbindung mit der Erfahrungskurve steht.

Ihr Angebots-Portfolio muss so gestaltet sein, dass ein Mix entsteht, der Ihren Zielvorstellungen hinsichtlich Gewinn, Umsatz, Deckungsbeitrag, Cashflow und Ähnlichem entspricht. Das aber impliziert, dass Sie Ihr Portfolio strategisch managen müssen: Sie müssen es planen und kontrollieren, Entscheidungen treffen, Handlungen einleiten und steuern. Dabei lässt sich sowohl der Ist-Zustand als auch der Soll-Zustand analysieren, denn Sie können das Portfolioinstrument sowohl als

- Ist-Unternehmens-Portfolio oder auch als
- strategisches Plan-Portfolio

nutzen und so die Positionierungen vergleichend gegenüberstellen.

Es handelt sich bei der Portfolioanalyse zunächst um ein *Beschreibungsmodell*, das es Ihnen ermöglicht, die strategische Situation Ihres Unternehmens zu analysieren. Sie können Ihr Portfolio unter dem Gesichtspunkt von Produkten und Dienstleistungen oder auf der Basis von Geschäftsfeldern betrachten. Mithilfe der Matrix können Sie sowohl Ihr Unternehmen als auch Konkurrenten beurteilen. Je nach Lage der Geschäftsfelder leiten sich strategische Handlungsempfehlungen ab.

Strategische Geschäftseinheiten statt Produkte

Bei Großunternehmen geht es nicht nur um einzelne Produkte, sondern um strategische Geschäftsfelder. Eine Brauerei, die Bier braut, Limonade herstellt und eine eigene Spedition betreibt, hat drei strategische Geschäftsfelder, bei denen es sich gegebenenfalls um eigene Organisationen, somit um Strategische Geschäftseinheiten, handelt. Das strategisches Geschäftsfeld kann durch drei Faktoren bestimmt werden:

- Kundenbedürfnis (»Was?«)
- Zielgruppe (»Wer?«)
- Genutzte Technologie (»Wie?«)

Eine »Strategische Geschäftseinheit« ist durch eine spezifische Marktaufgabe gekennzeichnet. Sie weist eine hohe Eigenständigkeit auf und liefert einen Beitrag zum Geschäftserfolg. Aus Holdingsicht ist nicht das Einzelprodukt Gegenstand der Analyse, sondern die jeweilige Business-Unit beziehungsweise Strategische Geschäftseinheit (SGE). Die Konzernspitze will strategisch wichtige Geschäftseinheiten vom »Hochsitz« aus bewerten können. Aber auch mancher Mittelständler, ja selbst Kleinunternehmer betreibt Tochterunternehmen, so zum Beispiel mein Zahnarzt eine Praxis, eine Zahnklinik, ein Dentallabor und ein zahnärztliches Schulungszentrum. Hier greift keine Einheitsstrategie.

Was die Position im Portfolio zeigt

Die Position der einzelnen Produkte/Angebote im Produkt-/Angebots-Portfolio ist für Ihre strategischen Belange in mehrfacher Hinsicht aussagefähig, denn sie

- bildet anschaulich die Erfolgsträchtigkeit der Produkte ab,
- weist auf finanzielle Notwendigkeiten und Probleme hin,
- deckt Stärken und Schwächen von Produkten zur Konkurrenz auf und
- liefert Denkanstöße für sinnvolle strategische Ziele.

Zugleich handelt es sich bei einem Produkt-/Angebots-Portfolio um ein *Erklärungsmodell*, denn es enthält wissenschaftlich gültige Aussagen, beispielsweise dass mit steigendem Marktanteil eines Produkts die Rentabilität zunimmt. (Ergänzende und vertiefende Informationen hierzu finden Sie in Kapitel A.5 »Strategische Gesetzmäßigkeiten«.)

In der Kombination als Entscheidungs- und Erklärungsmodell ist die Portfolioanalyse zugleich ein *Entscheidungsmodell*. Der Vergleich von Ist und Soll zeigt eventuelle Defizite, die Entscheidungen und Handlungen erfordern.

Das Portfolio bietet mehrere Möglichkeiten der Darstellung. Man kann Produkte/Angebote, Produktlinien, Strategische Geschäftseinheiten, Länderanteile und anderes mehr abbilden. Nachstehend ein Beispiel für ein Länder-Portfolio, in dem die eigene Exportposition mit der eines Mitbewerbers verglichen wird.

Die Wirkungen der Erfahrungskurve

Am Ende von Teil A dieses Buches wurden Sie bereits in die Theorie des Produktlebenszyklus eingeführt. Mit Produktlebenszyklus ist die Zeitdauer zwischen der Einführung des Produktes/Angebotes auf dem Markt und seiner Herausnahme aus dem Markt gemeint. Das ist die Essenz der Theorie: Wenn Sie ein neues Produkt einführen, kostet Sie das viel Geld. Ist es eingeführt, verdienen Sie damit Geld. Gibt es keine Nachfrage mehr, verlieren Sie Geld.

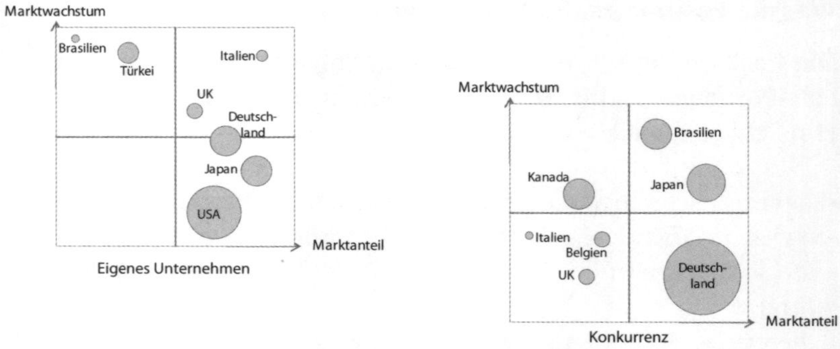

Abbildung 29: Beispiel für ein Länder-Portfolio

Auch der Begriff »Erfahrungskurve« begegnete Ihnen an dieser Stelle schon. Demnach sinken mit zunehmender Erfahrung die Produktionskosten. Jede Verdoppelung der Produktionsmenge senkt Ihre Kosten um 20 bis 30 Prozent. Das ist auch der Grund, warum Autohersteller von ihren Zulieferern im Zeitablauf sinkende Preise verlangen. Umgekehrt steigt mancher Mittelständler mit einem Preis in ein Geschäft ein, der unter den eigenen Kosten liegt, weil das Unternehmen auf die Erfahrungskurve setzt.

Diese Erkenntnisse können Sie für Ihre Portfolioanalyse nutzen. Sie wissen dann, was es finanziell bedeutet, ein neues Produkt einzuführen, oder hoffen auf die wirtschaftlichen Segnungen eines gut eingeführten Produkts. Sie können berechtigt Hypothesen zum Kostenverlauf eines Produkts mit hohem Marktanteil wagen und entsprechend planen. Im Grunde kombinieren Sie, zumindest gedanklich, externe Chancen mit internen Ressourcen und können die sich daraus ergebenden kurz- bis langfristigen Auswirkungen auf Gewinn, Liquidität und Wachstum durchdenken.

7.3.1 Marktwachstums-Marktanteils-Portfolio nach Boston Consulting Group

Der »klassische« und am meisten genutzte Portfolioansatz stammt von der Boston Consulting Group. Dieses Vier-Felder-Portfolio ist sozusagen ein Synonym für den Begriff Produktlebenszyklus, denn es spiegelt die

Phasen des Lebenszyklus in seiner Normalform wider. Die Umwelt wird mit einem einzigen, verdichteten Merkmal auf der Ordinate charakterisiert, nämlich dem »Marktwachstum«. Dasselbe gilt für die interne Situation eines Unternehmens, verdichtet auf das in der Abszisse abgebildete Merkmal »relativer Marktanteil«. (Vgl. Abbildung 30: Markwachstum auf y-Achse-Ordinate; Marktanteil auf x-Achse-Abszisse.)

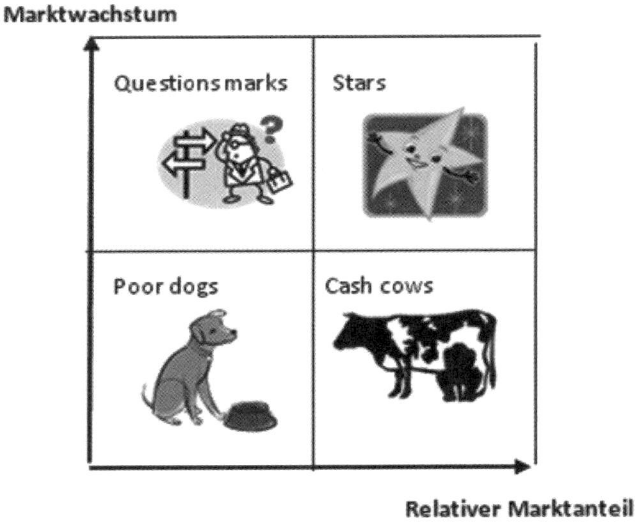

Abbildung 30: BCG-Matrix

Das Marktwachstum ist aus diesen zwei Gründen bedeutsam:

1. Wachsende Märkte bieten Chancen für neue Produkte/Angebote. Stagnierende Märkten hingegen sind wegen des Verdrängungswettbewerbs risikobehaftet. Hier ein Produkt platzieren zu wollen erscheint wenig erfolgreich.
2. Jedoch erfordern wachsende Märkte einen hohen Finanzbedarf. Aufgrund ihrer Attraktivität droht die Gefahr, dass auch andere Anbieter in diesen Markt einzutreten versuchen. Diese Gefahr besteht nicht bei stagnierenden Märkten. Sie sind weniger kostenintensiv.

Wenn Sie mit der BCG-Matrix arbeiten, dann drücken Sie das Marktwachstum als Wachstumsrate in Prozenten aus. Ihren relativen Marktanteil stellen Sie im Verhältnis zum Marktanteil des stärksten Konkurrenten dar. Die Ziffer 1 bedeutet hierbei, dass Ihr Marktanteil so groß ist wie der des größten Wettbewerbers. Ein Wert von 4 sagt aus, dass der eigene Umsatz viermal so groß ist wie der des stärksten Konkurrenten. Die Berechnung erfolgt nach dieser Formel:

$$\text{Relativer Marktanteil} = \frac{\text{Umsatz des Unternehmens}}{\text{Umsatz des stärksten Wettbewerbers}}$$

Sie können den relativen Marktanteil auch im Vergleich zum Durchschnittsumsatz am Markt errechnen. Der Nenner obiger Formel war dann entsprechend angepasst.

Zusätzlich können Sie dann noch durch den Kreisumfang darstellen, welche Bedeutung welches Produkt für den wirtschaftlichen Erfolg Ihres Unternehmens hat. Die Zuordnung zu einem der vier Felder zeigt, in welcher Entwicklungsphase sich das Produkt befindet. Ihr Portfolio ist dann im Gleichgewicht, wenn die ertragsschwachen Produkte/Angebote in ausreichendem Maße von den ertragsstarken, den Cashflow erwirtschaftenden Produkten alimentiert werden.

Die vier Felder der BCG-Matrix werden begrifflich prägnant so bezeichnet:

- Stars (Starprodukte/-angebote)
- Question Marks (Nachwuchsprodukte mit Fragezeichen)
- Cash Cows (Milchkühe)
- Poor Dogs (Auslaufprodukte)

Normstrategie

Im Verwendungszusammenhang mit der BCG-Matrix wurde der Begriff »Normstrategie« kreiert. Jedes der vier Felder symbolisiert eine solche Normstrategie (Investition, Desinvestition, Selektion, Ausschöpfung), die als Orientierung für strategische Maßnahmen dient. Dementsprechend werden nachfolgend für jede Position der Produkte verschiedene Handlungsempfehlungen gegeben, die Sie aber noch zu verfeinern haben. Diese Empfehlungen zielen je nach dem Feld in der BCG-Matrix auf

- Wachstum oder Investition,
- Abschöpfung oder Desinvestition,
- Stabilisierung oder Verteidigung.

Hierbei handelt es sich um Basisstrategien, aus denen sich konkrete Projekte und Maßnahmen ergeben.

Einschränkend ist anzumerken, dass die folgenden Normstrategien nur einen heuristischen Wert haben. Inhalte und Beziehungen sind kritisch zu hinterfragen, denn jede Strategie muss situations- und unternehmensspezifisch entwickelt werden.

Question Marks (Nachwuchsprodukte)
stehen in der Einführungs- oder Wachstumsphase, aber befinden sich noch in einer schlechten Marktposition. Sie erfordern einen hohen Mitteleinsatz und werfen jetzt noch keinen oder geringen Gewinn ab. Vielleicht bieten sie Chancen.

Es ist schwer, den Produkterfolg abzuschätzen und Strategien zu empfehlen. Entweder Sie investieren viel in das Projekt, um seine Attraktivität zu steigern, oder Sie beenden es, bevor es sich zu einem »Poor Dog« entwickelt. Das Projekt benötigt einen hohen Finanzbedarf, um sich etablieren zu können. Das ist nicht gut für die Ertragssituation und führt zu einem negativen Cashflow.

Die Empfehlung der Normstrategie: Wählen sie die erfolgversprechenden Produkte aus und investieren Sie in diese. Stellen Sie die eher erfolgslosen Projekte ein. *Strategieempfehlung:* Selektieren.

Cash Cows (Erfolgsprodukte)
geben gut und reichlich Milch, obwohl sie wenig fressen. Aufgrund schwacher Wettbewerber besteht eine dominante Position mit wenig Werbeaufwand. Der Cashflow, die Differenz zwischen den Ein- und

Auszahlungen, fließt reichlich. Nachfolgeprodukte können aus ihm gespeist werden.

Die Empfehlung der Normstrategie: Da vergleichbare Projekte eher unattraktiv und auf dem Wege zur Stagnation sind, sollten Sie die überschüssige »Milch« für die Förderung der Nachfolgeprodukte (Question Marks und Stars) einsetzen. Sie benötigen ja nur so viel Geld, um die Marktposition zu halten. *Strategieempfehlung*: Abschöpfen.

Stars (Starprodukte)
sind die Glanzprodukte Ihres Unternehmens. Sie stehen in der Einführungs- oder Wachstumsphase und besitzen einen hohen relativen Marktanteil. Die selbst erarbeiteten Mittel sind hoch, reichen aber noch nicht, um die Position im wachsenden Markt zu halten. Als Hoffnungsträger ist ihr Weg zur Cash Cow vorgezeichnet. Aber Sie müssen in dieses Zukunfts-Sicherheitspolster noch ein wenig investieren.

Die Empfehlung der Normstrategie: Ihre Unternehmensführung sollte hier nicht nur investieren, sondern darüber hinaus nach weiteren Superstars Ausschau halten, um eine ausreichende Menge an Stars im Portfolio zu haben. Solche Produkte gewährleisten eine einigermaßen sichere Zukunft. *Strategieempfehlung:* Investieren.

Poor Dogs (Problem- oder Auslaufprodukte)
sind jene Produkte, die keine Zukunftsaussichten haben. Sowohl das Marktwachstum als auch der relative Marktanteil sind schwach. Die Ertragssituation ist unterdurchschnittlich, wenn nicht sogar verlustreich. Daraus folgt ein negativer Cashflow. Das aufgewendete Kapital wäre bei anderen Produkten (Stars und Question Marks) besser eingesetzt. Investitionen lohnen sich nicht.

Die Empfehlung der Normstrategie: Verzichten Sie auf Investitionen. Stellen Sie das Geld Ihren Hoffnungsträgern zur Verfügung. Marktanteile halten, aber falls das Produkt keine strategische Bedeutung für Ihr Unternehmen hat, sollten Sie das Projekt möglichst bald aus dem Portfolio nehmen. *Strategieempfehlung:* Desinvestieren.

Question Marks Produkte/Angebote in der Einführungsphase mit hohem Finanzmittelbedarf  Cash-Flow negativ (Gewinne +, Kosten – – = Cash-Flow –) Normstrategie Selektieren. Entweder die Marktanteile deutlich steigern und senken, je nach Sachlage.	**Stars** Produkte/Angebote in der Wachstumsphase, die ihren Finanzmittelbedarf selbst erwirtschaften, weil sie eine starke Marktstellung haben.  Cash-Flow weitgehend ausgeglichen (Gewinne + +, Kosten – – = Cash-Flow 0) Normstrategie Marktanteile halten bzw. leicht ausbauen; investieren.
Poor Dogs Produkte/Angebote in der Reife- bzw. Degenerationsphase mit geringem Marktwachstum und relativ schwacher Marktstellung.  Cash-Flow negativ bis ausgeglichen (Gewinne +, Kosten –/– – = Cash-Flow 0/–) Normstrategie Marktanteile abbauen und langsam desinvestieren.	**Cash Cows** Produkte/Angebote in der Wachstums- und Reifephase mit starker Marktstellung.  Cash-Flow deutlich positiv (Gewinne + + +, Kosten – = Cash-Flow + +) Normstrategie Marktanteile halten und Gewinne abschöpfen.

Abbildung 31: Merkmale und Normstrategien der BCG-Matrix

Ein Beispiel

Ich, der Autor dieses Buches, betreibe ein kleines Beratungsunternehmen, klein, aber fein. Nachstehend erhalten Sie einen Einblick in mein Geschäftsportfolio, gemessen am Branchendurchschnitt. Hier musste ich teilweise mit Schätzungen arbeiten, da keine verlässlichen Zahlen vorliegen. Aber als Beispiel dürfte es reichen.

Relativer Marktanteil	Marktwachstum		
1,6	4%	36.000	Beratung
0,8	14%	8.000	Gutachten
0,2	–4%	15.000	Vorträge
1,8	0%	40.000	Seminare
1,4	16%	8.000	Zertifizierungen
		107.000	

Mit Excel kann ich nun mit einem Blasendiagramm auf einfache Art und Weise mein Portfolio darstellen.

Relativer Marktanteil	Marktwachstum		
1,6	4%	36.000	Beratung
0,8	14%	8.000	Gutachten
0,2	–4%	15.000	Vorträge
1,8	0%	40.000	Seminare
1,4	16%	8.000	Zertifizierungen
		107.000	

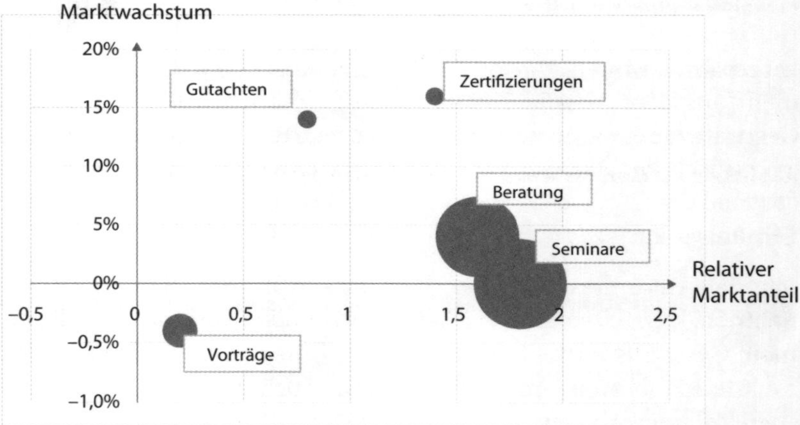

Abbildung 32: Beispiel eines Portfolios in Form eines Blasendiagramms

Wenn Sie sich an den vorstehend dargestellten Normstrategien orientieren, dann resultieren daraus diese strategischen Maßnahmen:

1. Die Seminare und die Beratung dienen als Cash Cows zur Finanzierung des sich entwickelnden Geschäftsfeldes Gutachten, um dieses Angebotssegment auszuweiten, vorausgesetzt, es bieten sich weiterhin gute Absatzchancen. Die Umsatzrückgänge in der Beratungs- und Weiterbildungsbranche sind bekannt.
2. Zugleich stärken meine Cash-Kühe das Zertifizierungsgeschäft, den Star. Ein Thema, das aufgrund seines Marktanteils und

Marktwachstums gute Chancen verspricht. Hier geht es um spezielle Zertifizierungen, die der TÜV und die DEKRA nicht anbieten. Es handelt sich also um Nischenprodukte.

3. Beratung und Seminare bringen als melkende Kühe hohe Umsätze und einen hohen Deckungsbeitrag, vorausgesetzt, ich behalte die Kosten im Griff.
4. Das Thema Vorträge überlasse ich besser anderen. Das Thema hat wenig Marktwachstum. Mein Marktanteil ist gering. Die hierfür notwendigen Ressourcen stecke ich besser in die Zertifizierungen und die Bewerbung von Gutachten.

Insgesamt ist mein Portfolio einigermaßen ausgewogen. Ich werde mehr aus dem Thema Zertifizierungen machen müssen, um das Geschäft von morgen zu sichern. Das Geschäftsfeld Gutachten muss ich kritisch im Auge behalten und mir Maßnahmen überlegen, es in das Feld der Stars zu bringen. Um die Zukunft mache ich mir keine Sorgen, vorausgesetzt, meine Portfolioplanung geht auf.

Als Ihr Strategiecoach bitte ich Sie, über diese Fragen nachzudenken:

✍Wo stehen welche Ihrer Produkte/Angebote?

Question Marks	Stars
Poor Dogs	Cash Cows

7.3.2 Marktattraktivitäts-Wettbewerbsvorteil-Matrix von McKinsey

Das Neun-Felder-Portfolio ist einfach nur eine differenziertere Variante der vorstehenden Vier-Felder-Version und beruht ebenfalls auf der Grundidee des Produktlebenszyklus. Dieses sind die Unterschiede zur BCG-Matrix:

- Statt der vier Felder wird eine Neun-Felder-Matrix gebildet.
- Statt Marktwachstum und relativer Marktanteil werden die Beurteilungsfaktoren Marktattraktivität und relativer Wettbewerbsvorteil eingeführt.
- Die Umweltdeterminanten werden durch die Marktattraktivität abgebildet.
- Die durch das Unternehmen beeinflussbaren Größen werden mit dem Begriff »relativer Wettbewerbsvorteil« erfasst.
- Als Zielgröße dient nicht der Cashflow, sondern der Return on Investment.

Die Marktattraktivität und der relative Wettbewerbsvorteil können mithilfe der in der Tabelle aufgeführten Kriterien ermittelt und dargestellt werden. Als Werkzeug bietet sich eine Punktematrix an, wie ich sie an anderer Stelle vorgestellt habe.[30]

Marktattraktivität **Externe Faktoren**	**Relativer Wettbewerbsvorteil** **Interne Faktoren**
• Marktwachstum • Marktgröße • Konkurrenzsituation • Versorgung mit Energie/Rohstoffen • Markteintrittsbarrieren • Wettbewerbsintensität • Anzahl und Struktur der Abnehmer • Umfeldsituation (öffentliche Meinung, Gesetzgebung, Konjunkturabhängigkeit)	• Relativer Marktanteil • Relatives Produktionspotenzial (Innovationsfähigkeit, Standort- und Kostenvorteile) • Relatives F&E- Potenzial • Relative Qualifikation der Führungskräfte • Finanzielle Situation • Qualifikation des Personals • Produktion • Vertrieb

Tabelle 14: Faktoren der Marktattraktivität und des Wettbewerbsvorteils nach der McKinsey-Matrix

30. Vgl. Walter Simon: *GABALs großer Methodenkoffer Kommunikation*, Offenbach 2004 (GABAL).

Normstrategische Konsequenzen und Empfehlungen

Anschließend werden diese hinsichtlich ihrer Bedeutsamkeit für das Unternehmen gewichtet, gegebenenfalls mit einem Punktebewertungssystem. Auf der Grundlage des Ergebnisses erfolgt die Zuordnung in der Matrix. Je nach Position in der Matrix lassen sich ähnlich wie bei der BCG-Matrix Normstrategien ableiten, und zwar

- Wachstums- beziehungsweise Investitionsstrategien,
- Abschöpfungs- beziehungsweise Desinvestitionsstrategien,
- Selektionsstrategien (Offensiv-, Defensiv- und Übergangsstrategien).

Als Ergebnis der Analyse können anschließend normstrategische Empfehlungen zur Investition oder Desinvestition für Produkte oder für strategische Geschäftsfelder abgeleitet werden, so wie auf der grau schattierten Matrix dargestellt (Abbildung 33).

Expansionszone (dunkelgrau): Hier werden die strategischen Geschäftsbereiche beziehungsweise Produkte durch eine mittlere bis hohe Marktattraktivität und mittlere bis hohe Wettbewerbsvorteile bestimmt. Daraus folgt eine Investitions- und Wachstumsstrategie.

Selektionszone (hellgrau): In diesem Bereich muss sorgfältig abgewogen und ausgewählt werden. Es ist schwer, hier eindeutig zu bewerten, vielmehr müssen Sie selektiv entscheiden. Drei Alternativen bieten sich an: Offensivstrategie, Defensivstrategie und Übergangsstrategie. Für welche Sie sich entscheiden, hängt davon ab, ob sie Ihre Position verbessern können oder nicht.

Abschöpfungs- beziehungsweise Desinvestitionszone (weiß): Hierbei handelt es sich um strategische Geschäftsfelder beziehungsweise Produkte mit niedriger bis mittlerer Marktattraktivität und kleinen bis mittleren Wettbewerbsvorteilen. Daraus folgt eine Abschöpfungs- beziehungsweise Desinvestitionsstrategie.

Wie Sie sehen, bieten sich Wachstums- beziehungsweise Investitionsstrategien an, wenn Sie auf einem attraktiven Markt agieren und über relativ hohe Wettbewerbsvorteile verfügen. Ist die Situation aber genau umgekehrt, sollten Sie über eine Abschöpfungs- beziehungsweise Desinvestitionsstrategie nachdenken. Bei den übrigen Einzelfällen ist zu prüfen, ob aufgrund von umweltbedingten oder aus der Marktsituation entspringenden Ursachen eine Investitions-, Rückzugs-, Übergangs- oder eine Abschöpfungsstrategie geboten ist.

Marktattraktivität			
hoch	Anstrengungen verdoppeln, Nischen suchen, investieren oder Rückzug	Anstrengungen verstärken, Schwächen abbauen, Investitionen	Marktposition halten/verteidigen, maximal investieren
mittel	Abschöpfung ggf. stufenweiser Rückzug	spezialisieren, selektiv investieren, Wachstumssegmente identifizieren	Wachstumssegmente identifizieren, stark investieren, Position halten
niedrig	desinvestieren	Abschöpfung und stufenweise Desinvestition oder Nischenstategie	Abschöpfung, Cash-Flow mitnehmen, Erhaltungsinvestitionen
	niedrig	mittel	hoch
			Relative Wettbewerbsposition

Abbildung 33: Die Neun-Felder-Matrix von McKinsey

Fazit

Es ist unschwer zu erkennen, dass der Zeitaufwand zur Informationserhebung und Durchführung der Analyse hoch ist. Das ist zwar ganz im Sinne der »Erfinder«, nämlich von McKinsey, die als Folge jede Menge Beratungstage abrechnen können. Aber welcher zeitgestresste Manager oder Unternehmer hat die Zeit, wissenschaftlich fundiert zu arbeiten, obwohl das sinnvoll wäre? Die eventuell eingesetzte Punktebewertung garantiert auch keine Objektivität, denn die Gewichtung wird durch Menschen, damit also subjektiv, vorgenommen. Das erklärt auch die gewisse Anfälligkeit für Manipulationen. Andererseits aber zwingt die Neun-Felder-Matrix, sich mit der Marktstellung und den Wettbewerbsfaktoren des eigenen Unternehmens auseinanderzusetzen und so Optionen für richtiges strategisches Verhalten zu generieren. Die Vorteile aller Portfolioinstrumente liegen in der Anschaulichkeit und dem hohen Kommunikationswert.

Vorteile der Portfoliomethode	Nachteile der Portfoliomethode
• Übersichtlichkeit • Kommunizierbarkeit • Handhabbarkeit • Konzentration auf das Wesentliche • Integration interner und externer Aspekte • Hilfreich bei der Strategieformulierung • Vergleich mit Konkurrenz • Erfolgspotenziale und Probleme werden offengelegt	• Sehr grobe Darstellung der Realität • Gefahr, dass Normstrategie als »Patentrezept« missverstanden wird. • Zeitaufwendig • Subjektive Bestandteile • Erfahrungskurve und Produktlebenszyklus treffen nicht immer zu • Scheingenauigkeit • Synergie- und Sortimentseffekte nicht sichtbar

Tabelle 15: Vor- und Nachteile der Portfoliomethode

8. Wer sind Ihre Kunden? Wen wollen Sie als Kunden? (Kundenanalyse)

Im Zuge des sich verschärfenden Verdrängungswettbewerbs auf den Märkten, der vermehrten Austauschbarkeit der Leistung konkurrierender Anbieter und sinkender Kundentreue erkennen die Unternehmen immer mehr die Bedeutung des Kunden als Erfolgsfaktor. Der Wandel vom Anbieter- zum Käufermarkt ist längst vollzogen. In gesättigten Märkten mit weitgehend austauschbaren Produkten vollzieht sich eine Abkehr vom konsumorientierten hin zum beziehungsorientierten Denken. Wenngleich das Produkt nach wie vor das Kaufmotiv auslöst und die Grundvoraussetzung für Kundentreue ist, verliert die konkrete Ware als zentrales nutzenstiftendes Element. Die Nachfrager haben in der Käufer-Verkäufer-Beziehung erheblich an Gewicht gewonnen. Es ist ihnen heute möglich, aus einer Vielzahl an Produkten, die in ihrer Qualität immer homogener werden, das für sie passende Angebot herauszusuchen. Die Kunden wollen aber in Zeiten zunehmender Anonymisierung des öffentlichen Lebens eine gewisse Beziehung zum Produkt und den Geschäften. Ihre Anforderungen hinsichtlich Qualität, Preis und Service sind gewachsen. Ihr Kunde ist besser informiert als früher. Im Zeitalter des Internets kann er benötigte Informationen selbstständig suchen und sich Angebote von Mitbewerbern schnell einholen. Produkte mit Schwächen haben daher kaum noch Chancen. Die Nachfrager entscheiden somit letztendlich über Erfolg oder Misserfolg Ihres Produkts oder Angebots und letztendlich über den Erfolg Ihres Unternehmens.

Vor diesem Hintergrund reicht es heute nicht mehr, den Kunden mit den Mitteln des Massenmarketings undifferenziert »abzufertigen«. Sie müssen versuchen, seine individuellen Wünsche zu erfassen und reibungslos zu erfüllen. Dem dient das strategische Kundenmanagement. Ihre Aktivitäten werden hier voll auf den Kunden ausgerichtet. Hierbei sollen Sie vor allem die profitablen

Kunden identifizieren, um diese zum Zwecke hoher Umsatzanteile individuell zu »pflegen« und so einen Vorteil gegenüber Ihren Mitbewerbern zu erzielen.

8.1 Kundenmanagement

Ein aktives Kundenmanagement zielt unter anderem darauf, Produkte und Leistungen anzubieten, die den Bedürfnissen Ihrer Kunden entsprechen und sie maximal zufriedenstellen. Im Idealfall steigen mit einer erhöhten Kundenorientierung die Kundentreue und damit die Umsatzanteile.

Für Ihr Kundenmanagement sind diese Aspekte in ihrer Abhängigkeit und ihrem Wirkungsgefüge zu beachten:

- Kundennähe
- Kundenzufriedenheit
- Kundenbindung
- Kundenwert

Kundennähe

Der Begriff der Kundennähe meint die Ausrichtung Ihres Unternehmens auf die Erfüllung von Kundenwünschen. Durch eine dauerhafte Befriedigung der Kundenbedürfnisse sollen Ihre strategischen Unternehmensziele verwirklicht werden.

Sie können die Kundennähe mit den Begriffen »Leistungsangebot« und »Interaktionsverhalten« konkretisieren.[31]

Zum *Leistungsangebot* zählen Produkt- und Dienstleistungsqualität, Flexibilität bei der Leistungserstellung sowie die Qualität der Beratung durch die Verkäufer. Es dreht sich dabei also um die Funktionalität Ihrer Produkte und deren Handhabung, ihr Design, das entgegenkommende Verhalten Ihres Unternehmens bei Sonderwünschen, die Qualifikation Ihrer Mitarbeiter und ihre Hilfe auf dem Weg zu den von Ihrem Kunden gewünschten Leistungen.

---

31. Vgl. Christian Homburg: *Kundennähe von Industriegüterunternehmen*, Wiesbaden 1998 (Gabler), S. 84–127.

Das *Interaktionsverhalten* umfasst die Beratungsqualität durch Ihre Verkäufer und die Offenheit gegenüber Anregungen Ihrer Kunden sowie das Informationsverhalten weiterer Mitarbeiter. Auch die Reaktion auf Kundenreklamationen gehört hierzu, ebenso die Reaktion auf Informationswünsche und die Integration des Kunden bei der Ausführung seiner Aufträge.

Denkbar ist aber auch, dass Sie Kundennähe so differenzieren:

- räumliche Nähe
- psychische beziehungsweise kommunikative Nähe

Die *räumliche Nähe* meint die geografische Lage in Form von Filialen oder Niederlassungen in der unmittelbaren Umgebung Ihrer Kunden. Sie ist durch die *psychische beziehungsweise kommunikative* Nähe zu ergänzen. Damit ist der Abbau mentaler Distanzen zu Ihren Kunden zu verstehen.[32]

Kundennähe zielt darauf ab, Ihrem Kunden nahe zu sein, und dies in jedweder Hinsicht, sowohl in der Auftragsabwicklung als auch im vor- und nachgelagerten Kommunikationsprozess. Somit ist Kundennähe der wesentliche Baustein des Kundenmanagements.

Kundenzufriedenheit

Die Kundenzufriedenheit wird gerne als oberste Maxime der Unternehmensführung propagiert. Dem liegt die Annahme zugrunde, dass kaufende Kunden zufriedene und damit auch automatisch treue Kunden sind.

Kundenzufriedenheit beruht im Kern auf dem subjektiven Vergleich zwischen einer erwarteten Soll-Leistung und der tatsächlich empfangenen Ist-Leistung beim Kauf. Bei Bestätigung der Erwartungshaltung oder sogar Übererfüllung liegt Zufriedenheit vor, bei Untererfüllung entsteht Unzufriedenheit. Ein Problem besteht jedoch darin, dass es keine trennscharfe Grenze zwischen Zufriedenheit und Unzufriedenheit gibt. Fällt die Leistung in einen Bereich der erfüllten Erwartungen, das heißt, der Kunde akzeptiert zwar Ihr

32 Vgl. Robert Nieschlag und andere: *Marketing*, Berlin 1994 (Duncker & Humblot), S. 116ff.

Angebot in vollem Umfang, ist jedoch nicht durch unerwartete Zusatzleistungen überrascht , ist er zwar zufrieden, jedoch auf einem indifferenten Niveau. Dieses verleiht ihm nicht zwingend die Überzeugung und Motivation, das nächste Mal wieder in Ihrem Unternehmen nachzufragen.

Sie können die subtilen Erwartungshaltungen Ihrer Kunden auch so unterscheiden:[33]

- Grundanforderungen
- Leistungsanforderungen
- Begeisterungsfaktoren

Die *Grundanforderungen* werden von Ihren Kunden erwartet. Dazu zählt zum Beispiel die ausnahmslos freundliche Begrüßung oder das Anbieten eines Sitzplatzes während einer längeren Beratung. Ihre Erfüllung führt nicht zu Zufriedenheit, im Umkehrschluss ihre Missachtung zu großer Unzufriedenheit.

Die *Leistungsanforderungen* sind für Ihre Kunden messbar, zum Beispiel die Fehlerfreiheit einer Software oder die punktgenaue Lieferung einer Ware. Werden diese nicht erfüllt, ist der Kunde unzufrieden. Werden die Erwartungen übertroffen, steigt die Zufriedenheit. Dies geschieht im Verhältnis zur Leistungserfüllung jedoch nur in moderatem Maße (degressiv).

Begeisterungsfaktoren sind Produkt- oder Servicemerkmale, die Ihr Kunde erhält, ohne sie erwartet zu haben, da sie nicht zum Standard gehören. Dies kann beispielsweise der Fall sein, wenn Ihnen als Käufer eines Herrenanzuges die Seidenkrawatte eines Edelherstellers als Gratiszugabe angeboten wird. Die Schwierigkeit dabei liegt darin, dass solche Überraschungen schnell als Standard interpretiert und beim nächsten Kauf erwartet werden.

Zum Zufriedenheitsniveau kommt der *Verfestigungsgrad*.[34] Je mehr Erfahrungen über einen längeren Zeitraum das Zufrieden-

33. Vgl. Naokazu Kano: »Attractive Quality and Must-be-Quality«, in: *Hinshitu The Journal of the Japanese Society for Quality Control*, April 1984, S. 3948, zitiert nach: Wolfgang A. Fuchs: *After-Sales-Communication*, Berlin 2000 (Cornelsen), S. 19.

34. Vgl. Hermann Simon/Christian Homburg: *Kundenzufriedenheit: Konzepte Methoden Erfahrungen*, Wiesbaden 1997 (Gabler), S. 25.

heitsurteil fundierten, umso schwieriger ist es, ein solches Urteil zu korrigieren. Ihr Kunde entwickelte inzwischen ein Gefühl der Hingezogenheit und des Vertrauens, kurz »Loyalität«, zu Ihnen. Die Wissenschaft begründet die Loyalität eines Kunden damit, dass sich ein zufriedener Kunde in einem psychischen Gleichgewicht befindet. Das bedeutet für Sie als Anbieter, dass Sie durchaus Chancen haben, eine Schlechtleistung zu korrigieren. Sollte diese jedoch zu einem Dauerzustand werden, kann eine Verfestigung auch im negativen Sinne eintreten.

Im Schnitt bringt Ihnen jeder zufriedene Kunde mindestens drei weitere neue Kunden. Ein unzufriedener Kunde demgegenüber erzählt sein Negativerlebnis neun weiteren potenziellen Neukunden.[35] Sie sehen also, Kundenzufriedenheit ist die Grundvoraussetzung für Kundenbindung. Sie ist jedoch unter keinen Umständen eine Garantie für treue Kundschaft.

Kundenbindung

Vor allem Konsumenten tendieren mehr und mehr zu einem als »Variety Seeking« bezeichneten Verhalten, das zu sinkender Marken- und Lieferantentreue führt. Ursächlich dafür ist die Austauschbarkeit von Angeboten, verbunden mit dem Bedürfnis nach einem Einkaufserlebnis. Unternehmen reagieren hierauf mit vielfältigen Maßnahmen der Kundenbindung, um den Kunden positiv zu stimmen, die Beziehung zu stabilisieren und seine Bereitschaft zu Folgekäufen zu stimulieren.

Es existiert ein ganzes Bündel von Möglichkeiten für die Kundenbindung – und neben der Zufriedenheit des Kunden kann sie auch an der mangelnden Attraktivität des Konkurrenzangebotes liegen. Auch Wechselbarrieren führen zur Kundenbindung. Denken Sie nur daran, mit wie viel Problemen oft der Wechsel von einem Telefonanbieter zu einem anderen verbunden ist.

---

35. Vgl. Studie des »Technical Assistance Research Program«; zitiert nach: Manfred Krafft: *Kundenbindung und Kundenwert*, Heidelberg 2002 (Physica), S. 21.

Kundenwert

Die Pflege Ihrer Kundenbeziehung verursacht Kosten und bindet Ressourcen. Außerdem stehen nicht jeder Bemühung um den Kunden automatisch höhere Erlöse gegenüber. Darum müssen Sie herausfinden, ob und wie viel Kundenwert der jeweilige Abnehmer repräsentiert. Unter dem Kundenwert versteht man die Ermittlung des Beitrages vom Kunden zum Unternehmenserfolg. Denn das Wirtschaftlichkeitsprinzip erfordert, dass die Erlöse die Kosten und Investitionen in die Kundenbeziehung dauerhaft übersteigen. Wenn Sie das einmal gut analysiert haben, dann können Sie das Kaufverhalten Ihrer Kunden in etwa prognostizieren und strategisch planen. Ihre Prognosedaten sind für Einkauf, Produktion und Verkauf, für den Personaleinsatz, die Werbeaktivitäten und Lieferantenauswahl wichtig.

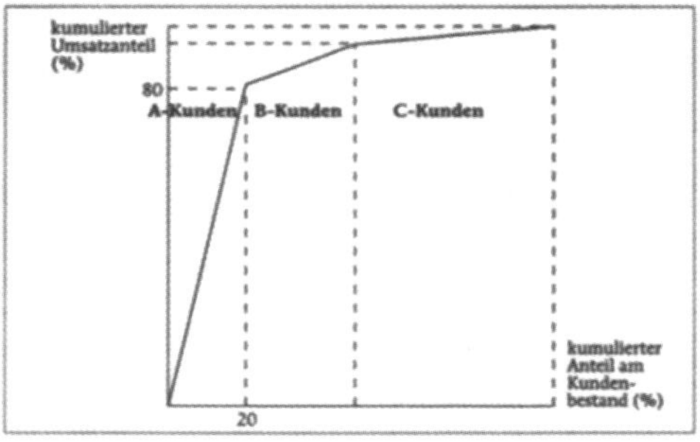

Abbildung 34: ABC-Analyse

Zur Berechnung des Kundenwerts gibt es mehrere Verfahren mit unterschiedlichen Vorgehensweisen.

Die schon vorgestellte ABC-Analyse ist ein Instrument zur Rangreihung der Kunden nach getätigten Umsätzen. Dabei sind die A-Kunden die Umsatzträger des Unternehmens. Die allgemein propagierte 80:20-Regel besagt, dass 20 Prozent der A-Kunden 80 Prozent des Umsatzes tätigen. Trägt man die kumuliert getätigten Umsatzanteile in Abhängigkeit der kumulierten Kundenanteile in einem Koordinatensystem ab, kann man die Bedeutung der einzelnen Kundensegmente ablesen.

Stellt man das Ergebnis des oben genannten Beispiels grafisch dar, so erhält man eine Lorenzkurve. Je steiler die Kurve verläuft, desto höher ist die Konzentration des Gesamtumsatzes auf wenige Kunden bezogen. (Ergänzende und vertiefende Informationen hierzu finden Sie in Kapitel B.7.1.4 unter »ABC-Analyse«.)

Kundenkapitalwertberechnung und Kundendeckungsbeitragsrechnung stellen hohe Anforderungen an Ihr Rechnungswesen und die Zurechenbarkeit der Kosten auf einzelne Kunden. Dies ist im Investitionsgüterbereich möglich, da es sich hier in der Regel nur um einige wenige Großkunden handelt, für die projektbezogen gearbeitet und auch abgerechnet wird. Sind Sie aber im Einzelhandel tätig, dann können die anfallenden Kosten nur schwer auf einzelne Kunden umgerechnet werden. Man denke an Personalkosten oder Werbeausgaben, die nur auf alle Kunden zu gleichen Teilen verrechnet werden könnten.

Das Beziehungsgefüge im Kundenmanagement

Zwischen den hier aufgeführten Komponenten des Kundenmanagements besteht ein Beziehungsgefüge. Mit steigender Kundennähe steigt normalerweise die Kundenzufriedenheit, aus der steigenden Zufriedenheit resultiert eine stärkere Kundenbindung, auch wenn es nicht möglich ist, eine Aussage im Sinne von »Je höher ..., umso größer ...« zu machen. Aber eine intensive Kundenbindung führt zu vermehrten Käufen und steigert damit den Wert des betreffenden Kunden.

8.2 Ihr Analyseinstrument: das Kundenportfolio

Ein systematisches Kundenmanagement setzt eine Kenntnis Ihrer Kunden voraus. Um maßgeschneiderte Leistungsangebote zu unterbreiten, ist es notwendig, dass Sie Ihre Kunden anhand bestimmter Kriterien in Gruppen segmentieren und ihre Bedürfnisse identifizieren. Die Kundenstruktur ist also zu analysieren.

Das von den beiden Wissenschaftlern Christian Homburg und Hartmut Werner entwickelte Kundenportfolio kann Ihnen als aussagekräftiges Instrument zur Durchführung der empfohlenen Kundensegmentierung dienen. Über die unternehmensinterne Dimension »relative Lieferantenposition« sowie die unternehmensexterne Dimension »Kundenattraktivität« erhält Ihr Unternehmen hier die Möglichkeit, Ihre Kunden innerhalb eines Vier-Felder-Portfolios einzuordnen, um im Ergebnis Aussagen zu deren Attraktivität sowie zur sinnvollen Konzentration von Mitteln auf die jeweiligen Kunden beziehungsweise Kundengruppen zu treffen. Um die Kundenattraktivität zu ermitteln, sind Kriterien wie beispielsweise die strategische Bedeutung des Kunden für Ihr Unternehmen oder das grundsätzlich zu erzielende Absatzvolumen beziehungsweise Preisniveau bei diesem Kunden heranzuziehen.

Die Beurteilung Ihrer Lieferantenposition erfolgt über den Lieferanteil, den Ihr Unternehmen bei dem jeweiligen Kunden erzielt. Der Lieferanteil wird dabei aus dem Quotienten des im eigenen Haus erzielten Umsatzvolumens zum generellen jährlichen Lieferbedarf des Kunden ermittelt. Kennt das Unternehmen den Lieferanteil, den ein Wettbewerber beim entsprechenden Kunden erzielt, kann über das Verhältnis des eigenen zum Lieferanteil des Konkurrenten der relative Lieferanteil errechnet werden. Auf dieser Grundlage erfolgt eine Einordnung Ihrer Kunden in folgende vier Kategorien:[36]

---

36. Vgl. Christian Homburg/Hartmut Werner: *Kundenorientierung mit System: Mit Customer Orientation Management zu profitablem Wachstum*, Frankfurt/M. 1998 (Campus), S. 129.

Starkunden	Sie stellen eine attraktive Zielgruppe dar, da sie dem Unternehmen die höchsten Umsatz- und Gewinnpotenziale bieten. Zudem hält das Unternehmen bei ihnen eine starke Lieferantenposition. Sie sollten daher über verschiedene Maßnahmen enger an das Unternehmen gebunden werden, etwa durch die Ausgabe einer Kundenkarte, durch eine intensive Betreuung oder durch die Einrichtung eines Kundenclubs.
Fragezeichen-kunden	Sie sind für das Unternehmen attraktiv, die eigene Lieferantenposition ist allerdings gering. Daher sollte Ihr Unternehmen über gezielte Maßnahmen versuchen, die eigene Lieferantenposition zu verbessern, um die Fragezeichen- in Starkunden umzuwandeln.
Ertragskunden	Im Bereich der Ertragskunden, die einen Großteil ihres Bedarfs bei Ihrem Unternehmen decken, sollten Ihre Anstrengungen in erster Linie darin bestehen, sie auf ihrem starken Niveau zu halten. Da sie sich grundsätzlich durch eine eher begrenzte Attraktivität auszeichnen, sollten Sie auch nicht mehr investieren, als unbedingt notwendig ist.
Mitnahme-kunden	Bei diesen Kunden sollte Ihr Unternehmen die Betreuungs- und Kundenbindungsaktivitäten auf ein Minimum reduzieren, da die Wirtschaftlichkeit der Kundenbeziehung ohnehin gering ist. Daher ist es für Ihr Unternehmen in der Regel auch nicht problematisch, wenn sich der Kunde dazu entschließt, den Anbieter zu wechseln.

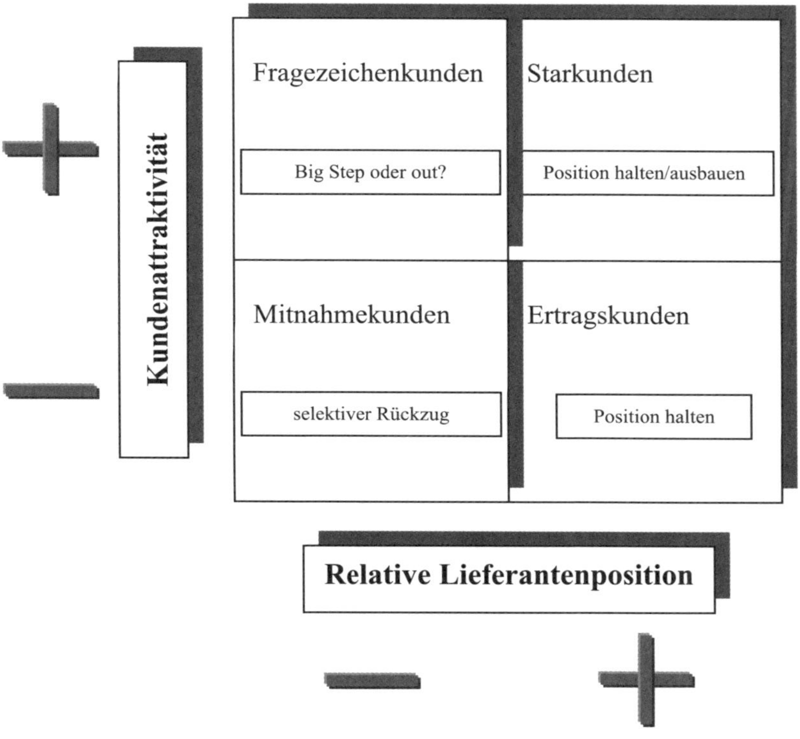

Abbildung 35: Kundenportfolio

In einem Unternehmen mit einer ausgewogenen Kundenstruktur ist der Anteil an Star- und Ertragskunden am höchsten. Die Fragezeichenkunden machen dagegen einen etwas geringeren Anteil aus und die Mitnahmekunden schließlich den geringsten.

C. So entwickeln Sie Ihre Funktionsbereichsstrategien

Wenn die Schulabschlussnote für Ihre Kinder bestmöglich ausfallen soll, also mit der Note 1, dann müssen die Teilnoten in einzelnen Fächern, etwa Mathematik, Deutsch oder Geschichte, ähnlich gut sein. Sie müssen sich um vieles kümmern, beispielsweise die Hausaufgaben kontrollieren, sich um Nachhilfe kümmern und die Kinder immer wieder motivieren. Anders ausgedrückt: Sie brauchen Teilstrategien, die auf die Hauptstrategie »Abschlussnote« hinführen.

Nicht viel anders ist es im Unternehmen. Sie können nicht Marktführer werden wollen, ohne gleichzeitig Ihren Vertrieb zu aktivieren, das Marketing zu optimieren und Ihr Personal zu qualifizieren. Zur Konkretisierung dieses Gedankens ist nochmals ein Blick in Kapitel B.7 zweckmäßig. Hier wurden die wichtigsten Strategiekonzepte von Ansoff und Porter vorgestellt, beispielsweise Kostenführerschaft, Marktentwicklung, Marktdurchdringung, Diversifikation und Differenzierung. Auch lernten Sie die klassischen Portofoliomodelle kennen. Hierbei handelt es sich um die übergeordneten Modelle zur Entwicklung Ihrer Markt- beziehungsweise Wettbewerbsstrategie. Das Wort »übergeordnet« bedeutet, dass es auch untergeordnete Strategien geben muss. Ich erinnere an das erste Kapitel, in dem die Strategien nach ihrer hierarchischen Positionierung beziehungsweise nach ihrem Geltungsbereich behandelt (Kapitel A.2.3 »Strategiearten, -ebenen und -inhalte«) wurden:

- Unternehmensstrategie: Was machen wir?
- Geschäftsbereichstrategie (Strategische Geschäftsfelder): Wie machen wir es?
- Funktionale Strategie (Beschaffung, Produktion, Vertrieb usw.): Wie unterstützen wir die übergeordneten Strategien?

Eine Unternehmensstrategie beinhaltet die grundsätzlichen Aussagen über das Verhalten des Unternehmens, zum Beispiel in diesen Punkten:

- Verhalten gegenüber Kunden, Lieferanten, Mitarbeitern, Belegschaftsvertretung und Gesellschaft
- Angebotssortiment beziehungsweise Leistungsprogramm
- Geschäftsfelder
- Beschaffungs-, Produktions- und Finanzpolitik

Die Funktionalstrategien beziehungsweise Geschäftsbereichsstrategien konkretisieren diese Aussagen auf der Basis folgender Funktionen:

- *Detaillierungsfunktion.* Hier wird die Gesamt- beziehungsweise Unternehmensstrategie bezogen auf die Geschäftsbereiche detailliert und interpretiert.
- *Koordinationsfunktion.* Vertikal dienen die Funktionsstrategien der Abstimmung innerhalb des Funktionsbereiches, horizontal dienen sie der Harmonisierung untereinander in Hinblick auf die übergeordnete Geschäftsstrategie.
- *Schnittstellenfunktion.* Funktionsstrategien fungieren als Schnittstelle zwischen der Unternehmensstrategie, den einzelnen Funktionsstrategien und der operativen Umsetzung.

Der Zweck von Funktionalstrategien besteht nicht darin, die Handlungsfreiheit von Managern einzuschränken, sondern die Handlungsweisen auf die Generalstrategie hin auszurichten.

Alles muss zueinanderpassen

Das, was in der Unternehmensstrategie, konkreter in der Marktbeziehungsweise Wettbewerbsstrategie, ausgesagt wird, muss sich mit der Unternehmenspolitik oder dem Leitbild decken. Denkbar ist auch, dass die grundsätzliche Stoßrichtung hinsichtlich Wachstum oder Stabilisierung beschrieben wird. Diese beziehen sich auf das Unternehmen und dessen Portfolio in seiner Gesamtheit.

Die Geschäftsbereichsstrategie konkretisiert die Unternehmensstrategie bezogen auf Geschäftsbereiche, Tochterunternehmen oder Produktgruppen und füllt den von der Unternehmensstrategie ge-

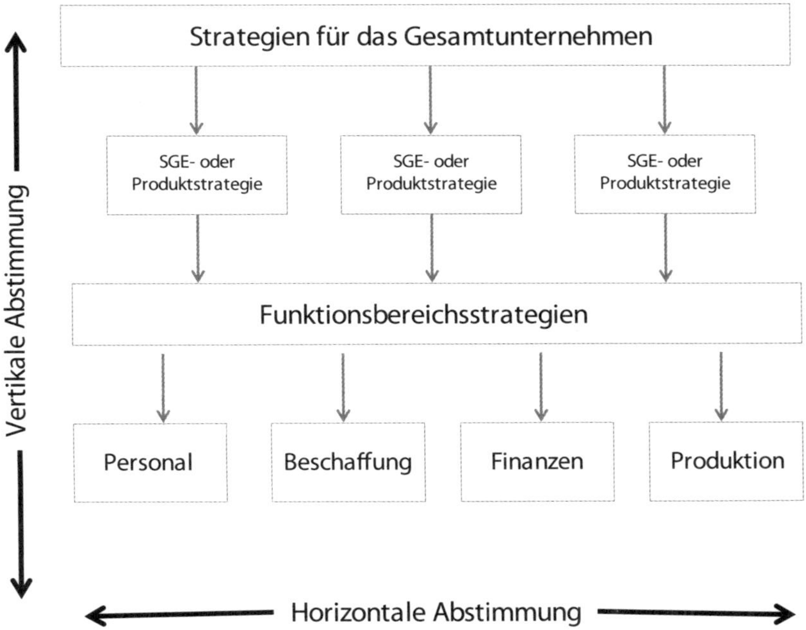

Abbildung 36: Der strategische Gesamtzusammenhang und die Abstimmungsdimensionen

setzten Rahmen aus. Hier geht es nicht um das komplette Unternehmensportfolio, sondern um das Portfolio eines Geschäftsbereiches (Abbildung 36 zeigt den Zusammenhang).

Wenn Sie sich für eine der sogenannten Primärstrategien entscheiden, also Wachstum, Stabilisierung oder Desinvestition, dann sind viele Stellhebel zu betätigen. Sie können nicht 20 Prozent mehr Wachstum bekommen, wenn Sie nicht n Prozent Marketing und Personalentwicklung betreiben. Sie müssen die Weichen an mehreren Stellwerken stellen, damit die Züge im Zielbahnhof ankommen. Bei diesen Weichen handelt es sich um Ihre Leistungspotenziale oder anders ausgedrückt um Ihre Stärken, die Sie jetzt wirksam einsetzen müssen. Nun bewahrheitet sich das, was die Strategieforscher Prahalad und Hamel meinen, wenn sie davon sprechen, dass sich der Wettbewerb nur noch vordergründig über Endprodukte abspielt. Der eigentliche Kampf findet in der Arena der Potenziale, Ressourcen und Kernkompetenzen statt. Für diese wurde in Kapitel B.4.1 der Begriff »Erfolgspotenziale« verwendet. Diese sind gekonnt einzusetzen. Das geschieht in Kombination mit den *Führungspotenzialen*. Damit sind Ihre Fähigkeiten der Zielvereinbarung, Planung, Kontrolle und Organisation gemeint. Auch Ihre Unternehmenskultur gehört zu den Führungspotenzialen und kann eine wichtige Energiequelle sein.

Der klassische Strategiebegriff geht davon aus, dass sich eine Strategie in Maßnahmenpaketen konkretisiert und dann umgesetzt werden. Damit verbunden ist die Zuteilung von Ressourcen, etwa Budgets, Personal und Material. Wie viel Geld bekommt Ihre Personalentwicklung, wie viel die Abteilung Forschung & Entwicklung? Strategien sind somit immer auch das Ergebnis von Aushandlungsprozessen um knappe Ressourcen. Monate oder gar Jahre später stellt sich dann die Frage, wer welchen Anteil am Erfolg oder am Misserfolg einer Strategie hatte. Die Antwort scheitert aber am Problem der exakten Isolierung beziehungsweise Zuordnung der Funktionen, denn der Erfolg hat viele Mütter und Väter.

Bei der Erarbeitung Ihrer Funktionsbereichsstrategien sind die in den vorherigen Kapiteln vorgestellten Analyseinstrumente hilfreich. Hierbei handelt es sich um vielseitig einsetzbare Managementtechniken. Das gilt insbesondere für die SWOT-Analyse. Sie bietet sich bei allen Funktionalstrategien als Instrument der Ist-Aufnahme (Stärken, Schwächen) und Folgeeinschätzung (Chancen, Risiken) an. Aber auch die Szenarioanalyse und die ABC-Technik bieten gute Dienste, um Teilaspekte der Personal-, der Beschaffungs-, Finanz- oder Marketingstrategie zu klären. (Ergänzende und vertiefende Informationen hierzu finden Sie in Kapitel 4.3 »SWOT-Analyse«.)

In diesem Kapitel werden von mehreren möglichen Funktionsbereichsstrategien nur die Bereiche

- Personal,
- Beschaffung und
- Finanzen

behandelt. Diese Auswahl betrifft die meisten Unternehmen, egal ob es sich um Industrie- oder Dienstleistungsunternehmen handelt. Die Themen Produktion, Innovation und Technologie wurden ausgeklammert, da sie nur das produzierende Gewerbe betreffen. Andererseits vereinigt das Prozessmanagement Dienstleistungs-, Handels- und Industrieunternehmen wieder unter einem Dach, da sich die Wertschöpfung in allen Unternehmen in Prozessen vollzieht. In diesem Zusammenhang sei auf die Ausführungen zur Prozessanalyse und Wertkette in Kapitel B.4.4 (»Idee und Bedeutung der Wertkette«) verwiesen.

Jede einzelne der Funktionsbereichsstrategien kann in weitere subfunktionelle Strategien untergliedert werden. Die Personalstrategie muss in ihre speziellen Funktionsbereiche differenziert werden, zum Beispiel Personalentwicklung, Entgelt, Beschaffung und so weiter, um wirksam zu sein.

1. Ihre Personalstrategie: Haben Sie die richtigen Mitarbeiter für Ihre Unternehmensstrategie?

Es ist fast schon ein Ritual auf Seminaren, in Managementpublikationen oder Kongressreden, die Bedeutung der Mitarbeiter als entscheidenden Wettbewerbsfaktor zu betonen. Früher hieß es, der Mensch stehe im Mittelpunkt, ohne jedoch dieses Bekenntnis inhaltlich auszufüllen. Diese wohl zumeist fürsorglich gemeinte personalpolitische Strategieoption konnte in Anbetracht veränderter Wettbewerbsverhältnisse nicht aufrechterhalten werden. An die Stelle des Mitarbeiters rückte später der Kunde gemeinsam mit dem Shareholder. Der Mitarbeiter wurde im Gefolge der Diskussion um das Für und Wider des Lean-Managements Gegenstand der betriebswirtschaftlichen Feinanalyse. Die Belegschaft wurde mit zunehmender Tendenz in die strategische Planung einbezogen, zumeist jedoch im Sinne von kostenbezogenen Mengenbetrachtungen zwecks Personalabbau.

Die Erfahrung zeigt aber, dass es leichter ist, Märkte und Produkte, Portfolios und Finanzen zu planen als Mitarbeiter. Denn diese sind einerseits die Beteiligten der Strategieformulierung und -umsetzung, aber zugleich auch Betroffene der Strategieverwirklichung. Dieser Doppelcharakter reduziert die Gleitfähigkeit einer Strategie, insbesondere einer Personalstrategie, die im Gegensatz zur Marktstrategie auf die Menschen im unmittelbaren Umfeld zielt.

Die Personalabteilung als Strategieproblem

Das Problem scheint nicht nur in der Sache selbst zu liegen. Die im Personalwesen tätigen Mitarbeiter sind selbst ein Teil des Problems. Ich musste im Laufe meines Berufslebens immer wieder feststellen, dass Personalfachleute das normative Management mit dem strategischen und dem operativen in einen Topf werfen. Es »besteht keine

Einigkeit darüber, welches die Gegenstände des Personalmanagements sind und wie diese Gegenstände sinnvoll geordnet werden können«[37]. Auch ist nicht klar, ob Personalstrategie und Unternehmensstrategie voneinander unabhängige Strategiefelder sind oder eine Einheit bilden, woran eigentlich kein Zweifel bestehen dürfte. Manche Personalmitarbeiter sehen die Aufgabe der Personalstrategie eher darin, ein gutes Klima für die Umsetzung der Unternehmensstrategie zu schaffen. Damit reduziert sich die Personalstrategie auf Change-Management.

Wenig schmeichelhaft ist das Urteil des Saarbrückers Human-Resources-Professors Christian Scholz: »Personalarbeit ist gegenwärtig eher auf dem operativen Niveau anzusiedeln, strategisch konzeptionelles Denken fehlt weitgehend.«[38] Oft wird die Tagesarbeit als Entschuldigung für die fehlende Personalstrategie herangezogen. Entlastend ist aber anzumerken, dass die Klärung, wofür die Personalpolitik zuständig ist, in vielen Chefetagen unterbleibt, sodass das Personalwesen ohne Kompass und Richtungskarten arbeiten muss.

Nach meinen Erfahrungen ist die Personalstrategie die am wenigsten ausdifferenzierte von allen Teilstrategien im Unternehmen. Hier gibt es keinen Ansoff oder Porter, keine Paradigmenväter oder -mütter, sondern nur Bruchstücke aus Wissenschaft und Beratungspraxis, die sich nur schwer zu einem Ganzen integrieren lassen. Das, was vorliegt, wurde mit dem Fokus auf Unternehmen ab 10.000 Mitarbeiter aufwärts geschrieben. Der Mittelständler mit 100 oder auch 500 Mitarbeitern muss den Weg der Selbsthilfe gehen. Vielleicht helfen Ihnen die nachfolgenden Ausführungen hierbei.

Auch beim strategischen Personalmanagement gilt, so wie bei der später zu beschreibenden Beschaffungsstrategie, dass es mit der übergeordneten Unternehmens- oder Geschäftsfeldstrategie verknüpft werden muss. So ist bei einer geplanten Differenzierungsstrategie im Bereich der Personalentwicklung insbesondere auf das

---

37. René A. Lichtsteiner: »Strategische Personalpolitik: praktische Erfahrungen«, in: http://www.dms-consulting.ch/pdf/H05-News-012StrategischePersonalpolitikA.pdf.

38. Christian Scholz: »Strategisches Personalmanagement als Konzept zwischen Fata Morgana und aufkommender Morgenröte«, in: http://www.competence-site.de/personalmanagement.ns.

Qualitätsbewusstsein und die Servicebereitschaft zu achten, während das Kostenbewusstsein im Rahmen einer Kostenführerstrategie besonderes Gewicht hat. Sie als Strategieverantwortlicher müssen prüfen, ob neu einzustellende Mitarbeiter zu Ihrem Wertesystem passen. Ihre Visionen sind nur mit solchen Mitarbeitern umsetzbar, die begeisterungsfähig sind und sich nicht vor dem Wandel fürchten.

Schwerpunkte des strategischen Personalmanagements

Das strategische Personalmanagement hat drei Schwerpunkte:

1. Personalwirtschaft und Mitarbeiterbetreuung
2. Mitarbeiterführung und Zusammenarbeit
3. Personalentwicklung und Change-Management

Die nachfolgenden Hinweise beschränken sich auf den Bereich Führung mit dem besonderen Augenmerk Zielorientierung. Es würde den Rahmen dieses Buches sprengen, die gesamte Palette personalpolitisch relevanter Themen abzuhandeln. Die Konzentration auf das Thema Führung unterstreicht deren herausragende Stellung für das strategische Management.

1.1 Strategie- und zielorientierte Mitarbeiterführung

Ihre strategischen Überlegungen sollen in Handlungen beziehungsweise Aktionen münden, sonst wären sie reiner Selbstzweck. Diese Handlungen werden von Ihren Führungskräften zusammen mit den Mitarbeitern durchgeführt, jeder mit anderen Einzelaufgaben. Im Interesse der Zielgerichtetheit bedarf es also des Einwirkens auf Ihre Mitarbeiter. Das ist Führung. Diese konkretisiert sich unter anderem in Organisation, Koordination, Delegation, Motivation, Kritik und Zielvereinbarung, insbesondere aber Information und Kommunikation.

Machen Sie sich bitte bewusst, dass Ihre Führungskräfte eine strategische Schlüsselrolle einnehmen. Bei fast allen Umsetzungsaktionen zum strategischen Management sind sie maßgeblich beteiligt. Sie ergänzen das strategische Management durch Führung.

Strategische Planung und Unternehmensführung kommen ohne das Commitment der Mitarbeiter nicht aus. Dieses herzustellen ist Aufgabe der Mitarbeiterführung. Insofern nehmen die Führungskräfte eine strategische Schlüsselrolle ein. Die Mitarbeiter wollen wissen, wohin die Reise geht, und brauchen Vertrauen zu den »Reiseleitern«. Aber das Führungssystem selbst ist Bestandteil strategischer Überlegungen und Planungen. Es stellt sich also die Frage: »Wie muss unsere Führungskultur strategisch ausgerichtet werden, um unsere Geschäftsstrategien wirksam umzusetzen?«

Von der Absicht zum Ziel

Strategische Absichten werden oft nicht umgesetzt, weil es nicht gelingt, aus ihnen ein konkretes und handlungswirksames Ziel zu formulieren. Absichten sind keine Ziele, sie werden erst dann zu einem Ziel, wenn Sie eindeutig bestimmen, was Sie bis wann in welcher Menge oder Güte erreichen wollen. Sie müssen Ihre Absicht

- qualitativ (was soll erreicht werden),
- quantitativ (wie viel soll erreicht werden),
- zeitlich (bis wann soll es erreicht sein) und
- begründbar (warum soll es erreicht werden)

beschreiben, dann haben Sie ein operationales Ziel beziehungsweise eine Vorstellung vom angestrebten Zustand. Ein Ziel ist also die exakte Beschreibung eines in Zukunft angestrebten Zustandes.

Zielorientierung ist notwendig, da Ihr strategisches Management nicht dem Zufall überlassen werden darf, sondern zielorientiert ausgerichtet sein muss. Darum müssen die Ziele genau ausformuliert und schriftlich festgehalten werden. Nur so können sie als Leitfaden für das zukünftige Handeln dienen.

Von der psychologischen Seite her sind Ziele Motiv und Antrieb des menschlichen Handels, sie sind sowohl die Ursache entsprechend ausgerichteten Verhaltens als auch dessen Wirkung. Gelingt es Ihnen, die strategiebezogenen Ziele Ihrer Mitarbeiter mit Erfolgserlebnissen im Hinblick auf die strategischen Ziele zu verbinden, resultiert daraus ein zusätzlicher Motivationsstimulus. Das gilt insbesondere für die Formulierung von Zielen in ideologischen Wertbegriffen, denn dieses Vorgehen bietet Identifikationsmöglichkeiten mit einem Vorbild, nährt Hoffnungen auf Verbesserungen und trägt zur Stärkung des eigenen Selbstvertrauens bei.

Zielhierarchie

Ausgangspunkt zielorientierten Führens sind Ihre strategischen Ziele. Nach unten hin werden die Ziele immer konkreter beziehungsweise spezifischer. Wir bewegen uns vom strategischen Richtziel hin zu den Feinzielen. Diese Begriffe zeigen, dass Ziele auf mehreren Stufen existieren. Für Ziele auf hoher Stufe werden umgangssprachlich diese und ähnliche Begriffe verwendet: Generalziel, Finalziel, Hauptziel, Oberziel, Fernziel, Maximalziel. Für Ziele auf niedrigerer Stufe gibt es diese Begriffe: Nahziel, Etappenziel, Zwischenziel, Nebenziel, Teilziel, Minimalziel und andere. Der jeweilige Begriff ergibt sich aus dem Charakter des Ziels. Es gibt zeitlich bedingte Zielebenen (Lebens-, Jahres-, Monats-, Wochen- und Tagesziele), andere sind hierarchischer Natur (Ober- und Unterziel) oder haben einfach sachlichen Charakter (Grobziel, Feinziel). Ganz allgemein kann man sie unterscheiden in Richt-, Grob- und Feinziele.

Richtziele sind keine echten Ziele, da sie nicht eindeutig sind. Man kann sie mit Leitbildern und Werten vergleichen. Sie stellen eher eine Art roter Faden für Ihr allgemeines Handeln da und eignen sich als Orientierungshilfe für weitere, konkretere Ziele.

Grobziele haben einen mittleren Grad an Eindeutigkeit und Präzision. Mit ihnen wird ein Richtziel konkretisiert.

Feinziele sind eindeutig und präzise und damit hinsichtlich ihrer Erfüllung kontrollierbar. Sie sind operational, denn sie geben konkret an, welche Handlungen Sie Ihrem Ziel näher bringen.

Dank konkreter Zielsetzung können Sie konkret planen. Während Sie planen, legen Sie Zwischenziele fest. Sie erreichen kein Ziel, ohne zuvor Zwischenziele erreicht zu haben. Die untergeordneten Zwischenziele sind die notwendigen Mittel, um zu dem nächsthöheren Ziel zu gelangen, das selbst wieder Mittel ist, um das darüber befindliche Ziel zu erreichen. Sie sollten jede Zwischenetappe zunächst als Ziel für sich betrachten.

Beim strategie- beziehungsweise zielorientierten Führen vereinbaren Sie also qualitative und quantitative Leistungsstandards, um den Fortschritt messbar zu machen. Quantitative Ziele finden sich meist in Kennzahlen, welche die Ziele mengenmäßig und operational ausdrücken. Qualitative Ziele beschreiben das Objekt (etwa die Umsatzsteigerung). Sie lassen sich nicht immer messen und haben oftmals den Charakter von Grundsätzen und Verhaltensnormen. Durch die Bildung von Leistungsstandards können Sie den Erfolg überprüfen. Dieser Rückkopplungseffekt durch Kommunikation und Feedback macht den Strategieprozess zu einem kontinuierlichen Prozess, der bei Bedarf neue Zielsetzungen ermöglicht.

Zielphasen

Normalerweise durchläuft die Zielbildung unterschiedliche Phasen, zum Beispiel die Zielplanung, die Zielsuche und die Zielabstimmung. Hierbei klären Sie, in welcher Beziehung die Ziele zu den bisherigen Zielen stehen und ob es sich um Ober-/Unterziele beziehungsweise Haupt-/Nebenziele handelt; erst dann werden sie formuliert. Den Inhalt, das Ausmaß und die Zeit bestimmen Sie gemeinsam mit Ihren Mitarbeitern und prüfen die Erreichbarkeit der Ziele. Zuletzt werden die Ziele für verbindlich erklärt. Eine Zielrevision nehmen Sie dann vor, wenn nach Überprüfung des Zielerreichungsgrades eine zu große Zielabweichung eingetreten ist.

Zielvereinbarung

Mittels einer Zielbeschreibung werden Ziele transparent und eindeutig bestimmt. Das vermeidet Missverständnisse. Die begriffliche

Bestimmung eines Ziels in den drei Dimensionen Inhalt (was), Ausmaß (wie viel) und Zeit (wann) ermöglicht Eindeutigkeit, ohne den Spielraum in Hinblick auf einzuleitende Maßnahmen und Handlungen einzugrenzen. Die Formulierung sollte bewirken, dass die Mitarbeiter die Ziele akzeptieren und zu ihrer Erreichung beitragen.

Das sind die notwendigen Fragen im Zusammenhang mit der strategieorientierten Mitarbeiterführung:

- Welches sind die Unternehmensziele?
- Welche Teilziele ergeben sich daraus für unsere Abteilung?
- Welche Teilziele ergeben sich aus den Abteilungszielen für mich?
- Wie lassen sich die Unternehmens- beziehungsweise Abteilungsziele und meine persönlichen Ziele vereinbaren?

Der Weg zur Zielerreichung liegt normalerweise im eigenen Ermessenspielraum der Mitarbeiter. Dieses Zugestehen von Kompetenz und Verantwortung ist neben materiellen Anreizen ein starker Motivationsfaktor.

Achten Sie im Zielvereinbarungsgespräch auf diese Punkte:

- *Sind die Ziele konkret formuliert?* Beispiel: »Das Unternehmen weiterentwickeln« ist eine Absicht, aber kein konkretes Ziel.
- *Sind die Ziele präzise beschrieben?* Haben Sie Soll-Werte angegeben, die erreicht werden müssen? Wenn das so genau nicht möglich ist, geben Sie Ober- und Untergrenzen an. Ohne exakte Zielgrößen ist eigentlich jedes Arbeitsergebnis richtig.
- *Sind die Ziele terminiert?* Auch hier können Sie mit gewissen Bandbreiten arbeiten. Statt eine Formulierung wie »sobald wie möglich« zu wählen, formulieren Sie »frühestens am ..., spätestens am ...«. Je länger es dauert, ein Ziel zu erreichen, umso notwendiger sind terminierte Zwischenziele.
- *Sind die Ziele realistisch und widerspruchsfrei?* Sind, von der heutigen Situation ausgehend, alle Voraussetzungen gegeben, die Ziele durch praktisches Tun zu erreichen? Im Zusammenhang damit prüfen Sie bitte auch, ob die Ziele widerspruchsfrei sind.

- *Sind die Ziele für Ihre Mitarbeiter persönlich erstrebenswert?* Motivieren Ihre Ziele? Bringen sie Ihren Mitarbeitern Nutzen?
- *Sind die Ziele positiv beziehungsweise konstruktiv formuliert?* Achten Sie darauf, dass Sie nicht das Abgewöhnen schlechter Verhaltensweisen als Ziel setzen, beispielsweise »Wir wollen nicht mehr so bürokratisch auf Beschwerden reagieren«. Formulieren Sie stattdessen das positive Gegenteil. Formulierungen mit negativem Vorzeichen erinnern immer wieder an das Negative.
- *Sind die Ziele schriftlich fixiert?* Das ist wichtig. Sie kennen das Sprichwort »Aus den Augen, aus dem Sinn«! Indem Sie und Ihre Mitarbeiter das Ziel aufschreiben, erhält es programmatischen Charakter.
- *Ist die Zielerfüllung kontrollierbar?* Ist die Zielerfüllung kontrollierbar durch den Vergleich von Soll und Ist? Wenn es nicht gemessen, gezählt oder gewogen werden kann, müsste man vom gesunden Menschenverstand her beurteilen können, ob das Ziel erreicht wurde.

Vereinbaren von Kontrollverfahren

Kontrollverfahren sind notwendig, um zu überprüfen, ob und wie weit die Ziele erreicht worden sind. Sie sollten aber, um Transparenz zu schaffen, dem Mitarbeiter darstellen, wie die Kontrollverfahren durchgeführt werden. Führung bedeutet in diesem Fall auch, mit dem Mitarbeiter den Kontrollprozess gemeinsam zu gestalten.

Voraussetzungen für die Einführung

Voraussetzung für ein »zielorientiertes Führen« ist das Vorhandensein eines gut ausgebauten Planungs-, Informations- und Kontrollsystems. Diese Basis ermöglicht Ihnen erst das Festlegen, Verfolgen, Kommunizieren und Überprüfen von Zielen und deren Erreichbarkeit.

Auch ist es notwendig, dass sich Ihre Mitarbeiter und Führungskräfte mit dem Konzept identifizieren. Verbessert wird dies durch Ihre konsequente Unterstützung, soweit Sie zur Unternehmensleitung gehören. Eine aktive Informationspolitik erleichtert die Konzeptumsetzung.

Die Schaffung von Anreizen motiviert die Mitarbeiter und Führungskräfte und verbessert die Zielerreichung. Anreize können hierbei finanzielle Vergütung, aber auch Fortbildung/Schulungen und Lob/Anerkennung sein. Die Beiträge des Mitarbeiters richten sich nach den Anreizen, die er im Betrieb erhält.

Durch ausreichend Informationen, Einbindung in Entscheidungen und Vergabe von Kompetenz werden Ihre Mitarbeiter an Ziele herangeführt und somit die Akzeptanz für diese erhöht. Nur wenn Ihre Mitarbeiter den Sinn in den Zielen erkennen, sind sie bereit, ihren Beitrag zur Zielerreichung zu leisten.

Hierbei gilt zu beachten: »Ziele werden nicht gesetzt, sondern vereinbart. Nur so wirken sie motivierend. [...] Wer also Ziele vereinbart, muss Prozesse im Unternehmen so gestalten, dass Ziele erreicht werden.«[39]

Strategieorientierte Mitarbeiterentwicklung

Unsere Zukunft ist untrennbar mit dem menschlichen Wissen verbunden. Dessen Bedeutung wird im Wirtschaftsprozess unter anderem deshalb zunehmen, da sich viele Unternehmen von der Last des Stofflichen zu befreien versuchen und stattdessen die menschliche Fantasie managen. Heute werden immer weniger Material be- und verarbeitet, sondern Informationen und Wissen.

Das hat gravierende Folgen auch für die Personalarbeit. Diese besteht längst nicht mehr in der Verwaltung von Personalakten und Gehaltsabrechnungen. Die Zeiten, in denen die Personalwirtschaft als lästige und kostenintensive betriebliche Funktion angesehen wurde, sind vorbei. Das Personalwesen, und hier insbesondere die Personalentwicklung, leistet heute einen wesentlichen Beitrag zum Geschäftserfolg. In Anbetracht steigender Anforderungen braucht das Unternehmen angepasste Qualifikationen und Problemlösungen. Personal- und Organisationsentwicklung werden zur Lebensader des Unternehmens. Change-Management, lernende Organisa-

39. Walter Simon: *Ziele managen,* Offenbach 2000 (GABAL), S.170.

tion, Wissensmanagement erfordern die gleiche Professionalität wie das Rechnungswesen oder die F&E.

Der strategischen Mitarbeiterentwicklung stellt sich die Aufgabe, mittel- und langfristig benötigte Potenziale in der Belegschaft zu erkennen und aufzubauen, um diese für das strategische Management nutzbar zu machen. Aber Investitionen in die Personalentwicklung sind genauso sorgfältig zu prüfen, zu planen, zu realisieren und ständig zu kontrollieren wie andere unternehmerische Maßnahmen und Entscheidungen. 40 Prozent der realisierten Weiterbildungsmaßnahmen sollen aus strategischer Sicht nicht notwendig sein.[40]

Um Fehlinvestitionen in der Weiterbildung zu vermeiden, sollten Sie das managementtechnische Instrumentarium ebenso gründlich anwenden wie beim Kauf einer Maschine oder bei einer Produkteinführung. Das heißt, Situationen sind zu analysieren, Ziele zu formulieren, Pläne zu realisieren und Maßnahmen zu kontrollieren. Das sichert Ihnen einen wirtschaftlichen Mitteleinsatz auch in der Weiterbildung.

Hieraus ergeben sich für Ihr Unternehmen strategische Konsequenzen, die in die Personalentwicklung einfließen müssen. Diese strategiebegleitende Personalentwicklung besteht aus den folgenden Schritten des klassischen Managementzyklus:

1. Ist-Analyse
2. Bedarfsanalyse
3. Bestimmung von Entwicklungszielen
4. Planung
5. Durchführung
6. Transfer
7. Kontrolle

Systematische Weiterbildung beginnt mit der *Ist- und der Bedarfsanalyse.* Vor einer Investition in Personalentwicklungsmaßnahmen müssen Sie prüfen, ob tatsächlich ein Bedarf besteht und wie er

40. Vgl. Felix Braun: »Strategisches Personalmanagement als Kultur und Prozess«, in: *Schweizer Arbeitgeber* 17/2003.

beschaffen ist. Der Personalentwicklungsbedarf Ihres Unternehmens sollte in quantitativer, zeitlicher und qualitativer Hinsicht ermittelt werden.

Die klassische Portfolioanalyse eignet sich auch im Rahmen des strategischen Personalmanagements, die Ist-Situation hinsichtlich Leistungsvermögen und Leistungswille darzustellen, um daraus dann Entwicklungsmaßnahmen abzuleiten. Sie müssen aber wissen, wo Sie welche Mitarbeiter zu einem bestimmten Zeitpunkt stehen haben wollen.

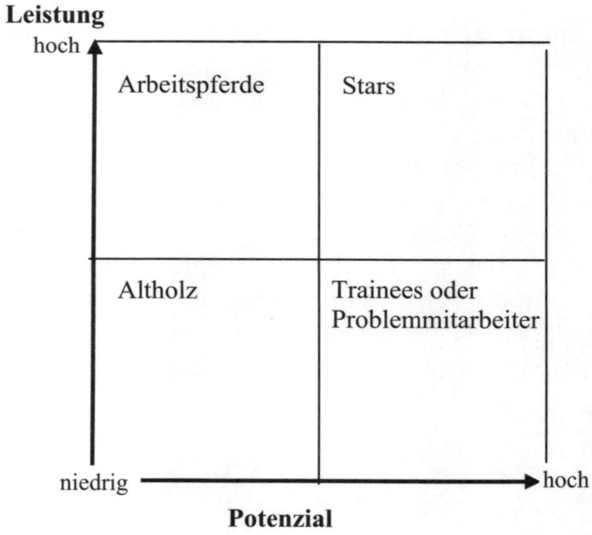

Abbildung 37: Personal-Portfolio

1.2 Ihre personalwirtschaftliche Strategieformulierung

Nachstehend sind die wichtigsten personalwirtschaftlichen Handlungsfelder aufgelistet. Je nach Unternehmensgröße trifft dieses oder jenes unterschiedlich stark auf Ihr Unternehmen zu. Suchen Sie sich diejenigen Handlungsfelder heraus, bei denen Sie Zustände verändern wollen. Am besten steigen Sie mit einer Beschreibung des Ist-Zustands ein und versuchen dann, den angestrebten Soll-Zustand hinsichtlich Gegenstand (*was*), Menge (*wie viel*), Termin (*wann*) und Grund (*warum*) zu definieren. Es steht Ihnen frei, weitere Spalten einzufügen, die der Beschreibung eines Zwischenziels (Meilensteins) und dem *Wie* hinsichtlich der Mittel und Wege dienen. Dann sind Sie schon in der Planung und mit einem halben Fuß in der Implementation.

Es erfordert Vorstellungskraft und intellektuelle Anstrengung, Ihre Marktstrategie mit der passenden Personalstrategie zu fundieren. Hier gibt es auch keine Normstrategie, also Empfehlungsmuster im Sinne von »wenn, dann«, so wie man es von den marktbezogenen Portfolioanalysen her kennt. Sie sind gefordert, die Verknüpfung von personalpolitischen Notwendigkeiten, die sich aus Ihrer Marktstrategie, aber teilweise auch aus anderen Funktionalstrategien ergeben, zu erkennen und zu planen. Es empfiehlt sich, in dieser Schrittekombination vorzugehen:

Als Ihr Strategiecoach bitte ich Sie, über diese Fragen nachzudenken:

1. Sie beschreiben den Ist-Zustand Ihres Personalwesens und formulieren Ihre personalpolitischen Ziele.
2. Sie gehen in die Feinjustierung Ihrer personalpolitischen Ziele und füllen die restlichen Felder der Tabelle aus.

Handlungsfelder	**Ist-Zustand**	**Strategisch zu nutzende Stärke ja/nein**	**Ihr strategisches Ziel (Was, wie viel, bis wann?)**	**Grund (Warum wichtig?)**	**Mittel, Wege (Herangehensweise) und Verantwortlichkeiten (Wer, was, bis wann?)**	**Welcher Ihrer Grundwerte ist hier zu beachten?**
Arbeitsbedingungen						
Arbeitszeit (-modelle)						
Arbeitsformen (Gruppenarbeit)						
Arbeitssicherheit / Gesundheitsschutz						
Krankenstand						
Löhne und Gehälter						
Sozialleistungen						
Ausbildung						
Mitarbeiterbefragung						

Arbeitskostenziele						
Fluktuation						
Personalbeurteilung						
Flexible Arbeitszeiten						
Personalkennziffern						
Personalentwicklung						
Expertenkarriere						
Nachfolgeplanung						
Talentmanagement						
Personalkosten						
Personalfreisetzung						
Personalplanung (Qualifikation und Menge)						
Mitarbeiterführung						
Managemententwicklung						
Stellenbeschreibungen						

Outsourcing von Personalaufgaben						
Mitarbeiterbeurteilung						
Potenzialanalysen						
Vergütungssystem						
Vorschlagswesen						
Weibliche Mitarbeiter						
Ältere Mitarbeiter						
Mitarbeiter mit Migrationshintergrund						
Personalbeschaffung						
Organisation der Personalabteilung						

2. Ihre Beschaffungsstrategie: Wo kaufen Sie was ein?

Wie viel Geld geben Sie jährlich für die Beschaffung, für Rohstoffe, Halbprodukte, Energie, Büromaterial und die damit verbundene Logistik aus? Um Ihre Hauptstrategie umzusetzen, müssen Sie die Versorgung Ihres Unternehmens mit den nötigen Mitteln sicherstellen. Das ist mit Kosten verbunden, die Sie verständlicherweise niedrig halten möchten. Denken Sie nur an die Stahlpreiserhöhungen nach der Jahrtausendwende, als die Chinesen jede verfügbare Tonne Stahl weltweit aufkauften. Da kam manches metallverarbeitende Unternehmen arg ins Schwitzen.

Stellen Sie sich vor, Sie planen eine Kostenführerstrategie. Das erfordert ein konsequentes Kostenmanagement. Lieferpreis und Lieferkonditionen müssten Sie gegebenenfalls noch vor der Qualität an die Spitze Ihrer Prioritätenskala setzen. Ihr Lieferant muss just-in-time-fähig sein, denn Lagerbestände sind teuer. Wenn Sie strategische Wettbewerbsvorteile, wie kurze Lieferzeiten oder einen hohen Servicegrad, erreichen wollen, müssen Sie intensiv mit Ihren Lieferanten kooperieren. Sie sehen, wie wichtig die Kompatibilität Ihrer Beschaffungspraxis zu Ihrer strategischen Stoßrichtung ist. Aber im Gegensatz zu Marketing und Vertrieb wurde die Beschaffung bis zum Auftauchen des Ford-/VW-Beschaffungsdirigenten José Ignacio López de Arriortúa keiner systematischen und umfassenden Optimierung unterzogen. Das wiegt umso schwerer, als der Materialkostenanteil in der Industrie über 50 Prozent liegt. Gemäß einer Studie führt bereits eine einprozentige Senkung der Materialkosten im Handel zu einer Steigerung des Betriebsergebnisses vor Steuern und Zins von 37 Prozent.[41] An anderer Stelle kann man lesen: Um die Rendite um 6 bis 7 Prozent zu steigern, muss man entweder 30 bis 40 Prozent mehr verkaufen oder die Einkaufskosten um 7 bis 8 Prozent senken. Die Beschaffung kann also einen wesentlichen Beitrag zur Senkung Ihrer Kosten leisten.

---

41. Vgl. Bain & Company-Studie, hier zitiert nach *Wirtschaftswoche* vom 1.8.2002.

Beschaffung ist mehr als nur einkaufen

Zugleich müssen Sie über Ihre Fertigungstiefe nachdenken und eventuell Teilaufgaben outsourcen. Vielleicht sind Sie schon lange Opfer virtueller Marktplätze und kennen die Pein von Ebay-Verkäufen mit rückwärts verlaufenden Preisen. Niemand hindert Sie, es anderen gleichzutun. Aber die Bedeutung der Beschaffung beschränkt sich heute nicht mehr auf die bloße Tätigkeit des Einkaufs. Das Erstellen einer Beschaffungsstrategie ist zur Managementaufgabe geworden. Sie haben immer wieder diese Fragen zu entscheiden:

- Mengenentscheidung: Welche Mengen?
- Sortimentsentscheidung: Welche Güter?
- Qualitätsentscheidung: In welcher Qualität?
- Preisentscheidung: Zu welchem Preis?
- Lieferantenentscheidung: Bei welchem Lieferanten?

Es geht heute nicht mehr um strategische Einzelfragen wie Lieferantenauswahl, Make-or-buy oder um die Klärung von Einzelfragen wie Lieferantenbewertung und Einkaufscontrolling, sondern um ein strategisches Beschaffungsgesamtkonzept, bei dem die Puzzleteile passgenau zusammengefügt werden und die Beschaffungsstrategie zur übergeordneten Strategie, also zu Vision, Mission und Leitbild, passt sowie zur Markt- beziehungsweise zur Wettbewerbsstrategie.

2.1 Vorgehensmodell für Ihre Beschaffung

Ihnen steht eine Fülle von Vorgehens- beziehungsweise Beschreibungsmodellen für das strategische Beschaffungsmanagement zur Verfügung. Hierbei ist aber zu bedenken, dass die Beschaffungsmärkte eines Unternehmens sehr unterschiedlich sind, sodass für alle zugekauften Güter und Dienstleistungen eigenständige Teilstrategien entwickelt werden müssen, die auf Ihr Unternehmen auszurichten sind. Nachfolgend ein mögliches Vorgehensmodell für Ihr strategisches Beschaffungsmanagement:

1. Stufe: Sie zerlegen Ihre Produkte/Angebote in einzelne Module, für die Sie während des weiteren Vorgehens eigene strategische Überlegungen anstellen. Diese Systematisierung kann unter technischen Gesichtspunkten erfolgen, aber auch auf der Basis eines Materialportfolios (Abbildung 38).
2. Stufe: Auf der Basis Ihrer Kernkompetenzen entscheiden Sie nun, welche Teile oder Module Sie selber fertigen und welche Sie zukaufen wollen. In diesem Zusammenhang ist es ratsam, wenn Sie nochmals einen Blick in Kapitel B.7.2 (»Ihr Weg über die Kostenführerschaft, Differenzierung oder Nischensuche«) werfen, in den Abschnitt, in dem Porters Empfehlungen zur Lieferantenstrategie vorgestellt wurden.

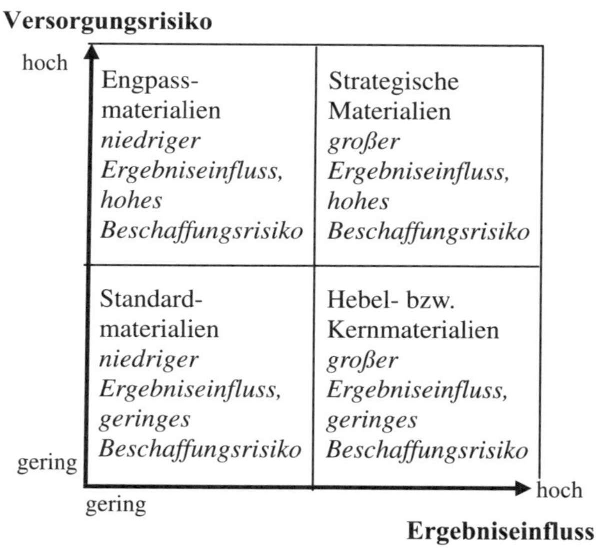

Abbildung 38: Material-Portfolio

3. Stufe: Sie untersuchen die infrage kommenden Beschaffungsmärkte und treffen Ihre Auswahl.
4. Stufe: Hier untersuchen Sie die möglichen Beschaffungsregionen und vergleichen lokale, nationale und globale Möglichkeiten, im Extremfall die Region Schwarzwald mit Ostchina.

5. Stufe: Sie legen für die benötigten Zukaufteile die optimale Lieferantenzahl fest. Zugleich treffen Sie die Entscheidung zwischen der Beschaffung von einem einzigen Anbieter (Single Sourcing) und der Mehrquellenbeschaffung (Multiple Sourcing).
6. Stufe: Sie entwickeln Ihr Lieferantenbeurteilungssystem und führen dieses ein.

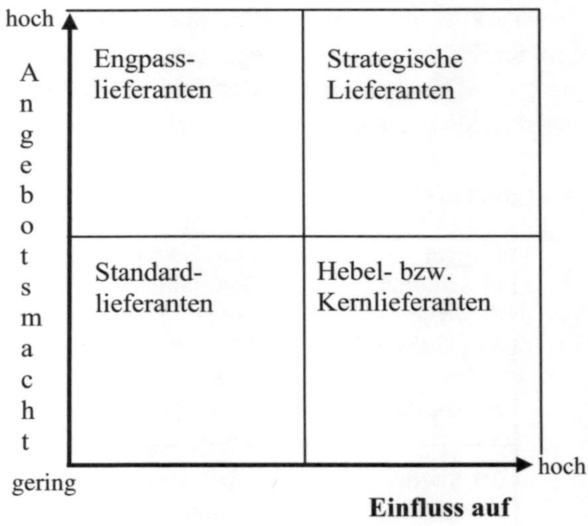

Abbildung 39: Lieferanten-Portfolio

7. Stufe: Sie suchen die Lieferanten aus, klassifizieren sie, klären die Art und Weise der Zusammenarbeit und treffen die vertraglichen Vereinbarungen. Hier schreiben Sie das obige Material-Portfolio adäquat fort.
8. Stufe: Sie passen Ihre Beschaffungsorganisation an die optimierte Situation an und klären Fragen der Bedarfsermittlung, Beschaffungsdurchführung, des Lagerwesens und der Logistik. Der Einkauf ist für den operativen Beschaffungsprozess zuständig, das heißt für Bedarfsermittlung, Bestellung und Abwicklung.

Sollten Sie nach der DIN EN ISO 9001:2000 oder einer adäquaten Norm zertifiziert worden sein, dann müsste Ihr Qualitätsmanagementsystem die nachstehend beschriebenen strategischen und operativen Erfordernisse erfüllen.

Anforderungen aus der DIN 9001:2000 an das Beschaffungsmanagement

7.4.1 Beschaffungsprozess
Die Organisation muss sicherstellen, dass die beschafften Produkte die festgelegten Beschaffungsanforderungen erfüllen. Art und Umfang der auf den Lieferanten und das beschaffte Produkt angewandten Überwachung müssen vom Einfluss des beschafften Produkts auf die nachfolgende Produktrealisierung oder auf das Endprodukt abhängen.

Die Organisation muss Lieferanten auf Grund von deren Fähigkeit beurteilen und auswählen, Produkte entsprechend den Anforderungen der Organisation zu liefern. Es müssen Kriterien für die Auswahl, Beurteilung und Neubeurteilung aufgestellt werden. Aufzeichnungen über die Ergebnisse von Beurteilungen und über notwendige Maßnahmen müssen geführt werden.

7.4.2 Beschaffungsangaben
Beschaffungsangaben müssen das zu beschaffende Produkt beschreiben. Soweit angemessen, enthalten diese

- Anforderungen zur Genehmigung von Produkten, Verfahren, Prozessen und Ausrüstung,
- Anforderungen an die Qualifikation des Personals und
- Anforderungen an das Qualitätsmanagementsystem.

Die Organisation muss die Angemessenheit der festgelegten Beschaffungsanforderungen sicherstellen, bevor sie diese dem Lieferanten mitteilt.

7.4.3 Verifizierung von beschafften Produkten
Die Organisation muss die erforderlichen Prüfungen oder sonstigen Tätigkeiten festlegen und verwirklichen, durch die sichergestellt wird, dass das beschaffte Produkt die festgelegten Beschaffungsanforderungen erfüllt.

Wenn die Organisation oder ihr Kunde beabsichtigt, Verifizierungstätigkeiten beim Lieferanten durchzuführen, muss die Organisation die beabsichtigten Verifizierungsmaßnahmen und die Methode zur Freigabe des Produkts in den Beschaffungsangaben festlegen.

Als Ihr Strategiecoach bitte ich Sie, Ihre Beschaffungsgüter in das Material- und Ihre Lieferanten in das Lieferanten-Porfolio einzuordnen.

2.2 Ihre beschaffungswirtschaftliche Strategieformulierung

Als Autor bitte ich um Ihr Verständnis, dass es nicht möglich ist, alle nur denkbaren Sonderfälle aus Hunderten von Branchen in die nachfolgende Checkliste aufzunehmen. Wer in China einkauft, muss andere Details beachten als ein Einzelhändler, der morgens zum Großmarkt fährt. Ein Konzern leistet sich den Luxus einer Abteilung »strategisches Management«, in der die Wegweiser und Leitplanken für den operativen Einkauf gesetzt werden. Sie müssen wahrscheinlich selbst überlegen, wo Sie Ihre Einkäufe tätigen und wie Sie sie vertraglich gestalten. Nutzen Sie also die nachfolgende Checkliste eher als eine Art Denkanstoß und füllen sie mit Ihren spezifischen Beschaffungsfragen aus.

Als Ihr Strategiecoach bitte ich Sie, über diese Fragen nachzudenken:

1. Sie beschreiben den Ist-Zustand Ihres Beschaffungswesens und formulieren Ihre strategischen Beschaffungsziele.
2. Gehen Sie in die Feinjustierung Ihrer strategischen Beschaffungsziele und füllen Sie die restlichen Felder der Tabelle aus.

Handlungsfelder der Beschaffung	Ist-Zustand	Strategisch zu nutzende Stärke ja/nein	Ihr strategisches Ziel (Was, wie viel, bis wann?)	Grund (Warum wichtig?)	Mittel, Wege (Herangehensweise) und Verantwortlichkeiten (Wer, was, bis wann?)	Welcher Ihrer Grundwerte ist hier zu beachten?

Einkaufscontrolling (Kennzahlenreport)						
Lieferantenaudit und -bewertung						
Lieferantenanzahl						
Lieferantenrating (strategische Lieferanten, Engpasslieferanten)						
Quantitative Einkaufsziele						
Ausschreibungen über Internet						
Auswahlkriterien für Lieferanten definiert? (Qualität, Preis, Standort, Transport, Bonität u.a.m.)						
Einbeziehung von Technik und Vertrieb in das Zielkostenmanagement						

Ihre Beschaffungsstrategie: Wo kaufen Sie was ein?

Rahmenverträge für A-Produkte						
Partnerschaften bei der Beschaffung						
Einbeziehung von Technik und Vertrieb in Lieferantenauswahl						
Einkaufsvolumen und Materialanteil sind bekannt						
Einsatz von Lasten- und Pflichtenheften						
Vertragsmanagement						
ISO 9001, 7.4.1/7.4.3						
Verantwortlichkeit in der Geschäftsführung für den Einkauf						
Qualifikation der Einkäufer						

Einbeziehung der Lieferanten in F&E						
Umgang mit Geschenken						
Einkaufsgrundsätze (Ethik)						
Umgang mit Lieferanten						

3. Ihre Finanzstrategie: Wie kommen Sie zum Geld?

Jedes Jahr melden Zehntausende Unternehmen Konkurs an, zumeist Klein- und Mittelunternehmen. Der Insolvenz gingen immer Finanzierungs- und Liquiditätsengpässe voraus. Insolvenzanalysen zeigen, dass die meisten Fehler im Finanzbereich geschehen, da Finanzen nicht korrekt geplant werden. Insbesondere mangelt es an einer Liquiditätsvorschau. Verschärfend kommt die geringe Eigenkapitalausstattung des Mittelstandes hinzu. Vor diesem Hintergrund ist es zwingend erforderlich, die Finanz- und Liquiditätssituation »in den Griff« zu bekommen und nichts unversucht zu lassen, die Eigenkapitalquote kontinuierlich anzuheben. Die Ausstattung Ihres Unternehmens mit ausreichendem Eigenkapital ist ein strategischer Erfolgsfaktor für Investitionen und Wachstum. Ihre Eigenkapitalquote sollte mindestens 15 bis 20 Prozent betragen.

Die folgenden Hinweise richten sich nicht an Großunternehmen, in denen Fachabteilungen professionelles Finanzmanagement betreiben und ein eigenes Vorstands- oder Geschäftsführungsmitglied für das strategische Finanzmanagement zuständig ist. Es geht vielmehr darum, Bewusstsein für ein gut durchdachtes beziehungsweise strategisch geplantes Finanzgebaren zu schaffen. Selbst in einem sehr kleinen Rahmen muss Ihr strategisches Management schließlich durch die Bereitstellung von Kapital abgesichert werden. Ihre Beschaffungs-, Produktions- und Absatzprozesse sind begleitet von Zahlungsströmen, die zu Einnahmen oder Ausgaben führen. Diese Zahlungsströme sind qualifiziert zu gestalten. Zu diesem Zweck brauchen Sie Steuerungsdaten, sogenannte Kennzahlen. Sie sollten wissen, welche Sie benötigen, um Ihr Unternehmen auf Kurs zu halten.

Finanzmanagement ist aber mehr als Ihre Buchführung: Diese ist rückwärtsgewandt und bildet die entstandenen Kosten und Gewinne ab. Alles Strategische ist aber vorwärtsgerichtet, strategische Entscheidungen gründen sich auf die Einschätzung der Möglichkeiten. Ihre Buchhaltung kann extern erledigt werden, aber Ihr Finanzmanager muss ein aktiver Insider ein, der in die Kontrolle des Unternehmens involviert ist. Die Übersicht verdeutlicht den Unterschied zwischen der Buchhaltung und dem Finanzmanagement.[42]

Buchhaltung	Finanzmanagement
• Bericht • passiv • unparteiisch • standardisiert	• Kontrolle • aktiv • engagiert • maßgeschneidert
rückwärtsgewandt • verifizierbar • realisiert • materiell	**vorwärtsgewandt** • urteilsgebunden • potenziell • immateriell
nach innen orientiert • objektiv • Kosten • Kapitalerhaltung	**nach außen orientiert** • subjektiv • Werte • adäquate Rente
statisch • Einzelbetrachtung • kurzfristig • Gewinn/Vermögen	**dynamisch** • Kontinuum • langfristig • Cashflow

Tabelle 16: Der Unterschied zwischen Finanzmanagement und Buchhaltung

Der enge Zusammenhang zwischen der Unternehmensstrategie und dem strategischen Finanzmanagement wurde im Zusammenhang mit der Erfahrungskurve und der Lebenszyklusanalyse im Kapitel A.5 (»Strategische Gesetzmäßigkeiten«) dargestellt. Sie erinnern sich: In der Einführungsphase eines neuen Produkts oder wenn Sie einen Markt neu betreten, benötigen Sie viel Geld, während Sie in der Wachstumsphase Gewinne und Cashflow erzielen. Treten in der Reifephase Nachahmer auf den Markt, müssen Sie gegebenenfalls den Preis senken. Ihre Mittel werden knapper. Dies zeigt: Die beste Strategie nützt nichts ohne verfügbares Kapital.

42. Vgl. David Allen: *Strategisches Finanzmanagement*, Wien 1996 (Ueberreuter), S. 23.

3.1 Hauptziele des strategischen Finanzmanagements

Ob Konzernchef oder Familienvater, ob Handwerksmeister oder Vermieter, Sie müssen diese drei Elemente des Finanzmanagements Sicherheit/Risiko, Rentabilität und Liquidität dauerhaft ins Gleichgewicht bringen; das Dauerhafte ist der strategische Part des Finanzmanagements.

Liquidität meint vereinfacht ausgedrückt, dass Ihnen genügend Zahlungsmittel zur Verfügung stehen, um Verbindlichkeiten jederzeit und uneingeschränkt nachkommen zu können. Nur ein liquides Unternehmen kann »atmen«. Sie sind also gut beraten, eine ausreichende Liquiditätsreserve anzulegen.

Mangelnde Liquidität führt in der Regel zur Insolvenz. Zu hohe Liquidität bewirkt hingegen Rentabilitätseinbußen. Wenn Sie Zahlungsmittel horten, nicht oder nur schlecht investieren, dann können Sie zwar alle Zahlungsverpflichtungen leicht erfüllen, verzichten aber zumindest auf die übliche Bankverzinsung und verlieren durch die Inflation einen Teil Ihres Vermögens.

Um liquide zu bleiben, müssen Sie rentabel arbeiten. Unter Rentabilität versteht man eine entsprechende Verzinsung des eingesetzten Kapitals. Dieses wird in Relation zum Ergebnis gesetzt. Damit ist sie eine wichtige Kennzahl für den Erfolg Ihres Unternehmens. In der Regel wird die Rentabilität als Prozentsatz angegeben.

In Abhängigkeit von der Bezugsgröße sind folgende Arten der Rentabilität zu unterscheiden:

Eigenkapitalrentabilität

Sie erwarten eine angemessene Verzinsung Ihres eingesetzten Kapitals. Diese muss auf jeden Fall über dem marktüblichen Bankzins liegen, denn Ihr Investment ist mit mehr Risiken behaftet als eine alltägliche Bankeinlage. Eine Zielerwartung von 25 Prozent ist angemessen.

$$\text{Eigenkapitalrendite} = \frac{\text{Bilanzgewinn}}{\text{Eigenkapital}} \times 100$$

Gesamtkapitalrentabilität

Das sich aus dem Eigen- und Fremdkapital zusammensetzende Gesamtkapital ist aussagefähiger als nur die Eigenkapitalrentabilität. Eine Rentabilität von 10 bis 12 Prozent sollte angestrebt werden. Sie entspricht dem Durchschnitt.

$$\text{Gesamtrendite} = \frac{\text{Gewinn} + \text{Fremdkapitalzinsen}}{\text{Gesamtkapital}} \times 100$$

Umsatzrentabilität

An der Umsatzrentabilität wird die Verzinsung des Umsatzes ablesbar. Sie erkennen hier, wie erfolgreich Ihr Unternehmen in Bezug auf den Umsatz gearbeitet hat und welche Preise es am Markt erzielen konnte. Kleine und mittlere Unternehmen erwirtschaften durchschnittlich 5 bis 6 Prozent Umsatzrendite. Bei größeren Unternehmen sinkt sie eher.

$$\text{Umsatzrendite} = \frac{\text{Gewinn vor Steuern}}{\text{Umsatz}} \times 100$$

In Kapitel D.3.4 (»Kennzahlen: Ihre Kontrollzahlen«) erfahren sie mehr über die Bedeutung, den Charakter und die Nutzung von Kennzahlen.

Sicherheit/Risiko

Ihrem Gewinnstreben stehen vielfältige Finanzrisiken gegenüber, zum Beispiel Währungsrisiken, Zinsrisiken, Haftungsrisiken, Preisrisiken, Ausfallrisiken und Steueranhebungen. Hinzu kommen vielfältige Risiken aus dem operativen Geschäft, wie Produktionsausfall, Krankenstand oder Streik. Alle finanzwirtschaftlichen Entscheidungen werden von Risiken unterschiedlicher Art beeinflusst. Daher müssen Sie den Sicherheits-/Risikoaspekt bei allen finanziellen Entscheidungen berücksichtigen, denn Risikominimierung ist eine wichtige finanzstrategische Aufgabe.

3.2 Aufgaben des Finanzmanagements

Wie im ersten Kapitel dargestellt, ist Management eine Ablaufsystematik, die natürlich auch für das Finanzmanagement gilt. Das sind die Schritte und zugleich Aufgaben des Finanzmanagements:

1. Finanzwirtschaftliche Analyse (Sammeln von Daten, Bewertung und Interpretation)
2. Finanzwirtschaftliche Planung (Ermittlung und Beschaffung des Kapitalbedarfs, Festlegung der Finanzstrategie, Rentabilitätserhaltung, Bewertung alternativer Finanzierungsmöglichkeiten, Liquiditätssicherung, Bankkontakte und Berichterstattung)
3. Finanzwirtschaftliche Steuerung (Verbesserung der Kapitalausstattung, Konditionenverhandlungen, Gestaltung der Zahlungsbedingungen, Beschleunigung der Zahlungsströme, Steigerung der Unabhängigkeit von Banken, Kapitalbewirtschaftung, Kapitalverwendung)
4. Finanzwirtschaftliche Kontrolle (Aufrechterhaltung der Finanzbalance, Kapitalverwendungsnachweise, Überwachung der Bankkonten und Kreditlinien, Soll-Ist-Vergleiche, Abweichungsanalysen, laufende Informationsbeschaffung und -nutzung)

Üblich ist aber auch diese Gliederung der Aufgaben des Finanzmanagements:

1. Kapitalbeschaffung: Handelt es sich um Fremdkapital oder Eigenkapital?
2. Kapitalverwendung: Soll das Kapital in das Anlage- oder das Umlaufvermögen gesteckt werden?
3. Kapitalverwaltung (Kapitalbewirtschaftung): Was soll mit den nicht benötigten Geldern geschehen?
4. Kapitalrückzahlung: Soll Fremdkapital zurückgezahlt werden oder sind Ausschüttungen an die Eigenkapitalgeber geplant?

Egal, für welche der Gliederungen Sie optieren, beide zeigen, dass sich das Finanzmanagement mit allen finanzwirtschaftlichen Größen und Inhalten der Unternehmensführung befasst und alle Zahlungen beziehungsweise Zahlungsströme zielorientiert zu steuern versucht.

Cash-Management

Wegen der großen Bedeutung ausreichender Liquiditätsreserven hat das Cash-Management ein großes Gewicht. Es handelt sich hierbei um einen übergeordneten Begriff, der in den vorstehend beschriebenen Aufgaben steckt, mit dem besonderen Fokus auf die Liquiditätsplanung. Cash-Management ist ein anderer Ausdruck für die betriebliche Finanzplanung, mit der die Liquidität aufrechterhalten werden soll und freie Mittel ertragbringend so angelegt werden sollen, dass sie die Rentabilität erhöhen.

Zu diesem Zweck müssen Sie die *Liquidität planen*, zunächst indem Sie die Ein- und Auszahlungen Ihres Unternehmens wöchentlich oder monatlich prognostizieren. So erhalten Sie frühzeitig Erkenntnisse über Ihre zukünftige Zahlungsfähigkeit.

Aus der Liquiditätsplanung ermitteln Sie nach Abgleich der geplanten mit den realisierten Buchungen den *Dispositionssaldo*. Die Liquiditätsdisposition greift die Informationen zur Unter- oder Überdeckung auf und entscheidet über die Bereitstellung oder Verwendung finanzieller Mittel. Wichtig hierbei ist, unnötige Kassenbestände oder zinslose Bestände auf Girokonten zu vermeiden. Besteht ein Finanzüberschuss, können Sie Darlehen tilgen, Skonto durch rechtzeitige Zahlungen in Anspruch nehmen oder größere Mengeneinkäufe mit Rabattgewährungen tätigen. Bei einer Unterdeckung müssen Sie gegebenenfalls betriebsnotwendiges Vermögen verkaufen oder Außenstände eintreiben, um zwei von vielen Beispielen zu nennen.

Liquiditätskontrolle

Bei der *Liquiditätskontrolle* überwachen Sie Ihre Soll-Daten der Planung mit den Ist-Zahlen und greifen steuernd ein. Die Kennzahlen, mit denen Sie Ihren Liquiditätsgrad ermitteln, werden so errechnet:

Kurzfristige Liquidität: Hier werden je nach Liquiditätsgrad die flüssigen Mittel, kurzfristigen Forderungen und Vorräte mit den kurzfristigen Verbindlichkeiten in einen Bezug gebracht.

$$\text{Liquidität 1. Grades} = \frac{\text{Flüssige Mittel + kurzfristige Forderungen}}{\text{Kurzfristige Verbindlichkeiten}} \times 100$$

Bei der Liquidität ersten Grades werden nur die flüssigen Mittel und bei der des dritten Grades noch die Vorräte mit berücksichtigt. Die Liquidität ersten Grades sollte bei 5 bis 10 Prozent, die des zweiten Grades bei 100 bis 120 Prozent und die des dritten Grades bei 120 bis 150 Prozent liegen, um Liquiditätsprobleme zu vermeiden.

Langfristige Liquidität: Ihr Unternehmen will natürlich langfristig überleben. Dazu benötigt es langfristige Liquidität. Fehlt diese, könnten Kapitalgeber ihre Mittel abziehen. Als Folge hiervon müsste sich Ihr Unternehmen bemühen, zumindest das Anlagevermögen durch Eigenkapital oder langfristiges Fremdkapital zu finanzieren. Auch hier existieren drei Deckungsgrade. Die Kennzahl für den Deckungsgrad 2 wird folgendermaßen ermittelt:

$$\text{Liquidität 2. Grades} = \frac{\text{Eigenkapital + langfristiges Fremdkapital}}{\text{Anlagevermögen}} \times 100$$

Bei der Liquidität ersten Grades wird nur das Eigenkapital berücksichtigt und bei der des dritten Grades werden noch die Vorräte zum Anlagevermögen hinzugezählt. Die Liquidität ersten Grades sollte bei 80 bis 100 Prozent, die des zweiten Grades bei 100 bis 120 Prozent und die des dritten Grades bei 100 Prozent liegen, um Liquiditätsprobleme zu vermeiden.

Cashflow

Mit der Kennzahl Cashflow versucht man, die wirklichen Zahlungsströme zu ermitteln und die Vielzahl von Faktoren, so etwa Abschreibungen und Rückstellungen, die nicht die realen Zahlungsmöglichkeiten ausdrücken, auszuschließen. Der um bilanzielle, nicht zahlungswirksame Faktoren bereinigte bilanzielle Erfolg stellt somit den Cashflow als zahlungswirksamen finanziellen Überschuss der Periode dar.

Der Cashflow ist jener Teil der Einnahmen einer Periode, der Ihnen nach Abzug aller Ausgaben für neue Geschäfte zur Verfügung steht. Er lässt sich leicht nach dieser Formel berechnen:

Cashflow = Zahlungsbedingte Erträge (Einnahmen) –
Zahlungsbedingte Aufwendungen (Ausgaben)

Wegen der sinkenden Eigenkapitalquote wird mehr und mehr der Cashflow herangezogen, um die Kreditwürdigkeit eines Unternehmens zu beurteilen. Da der Gewinn dank der Möglichkeiten der Bilanzgestaltung nur ein unzureichendes Bild über den Zustand eines Unternehmens vermittelt, interessieren sich die Banken eher dafür, ob das Unternehmen einen ausreichenden Cashflow erwirtschaftet, um seine Substanz zu erhalten, Erweiterungsinvestitionen selbst zu erwirtschaften sowie Zinsen und Tilgungen zu zahlen. Der Cashflow erlaubt Ihnen eine objektivere Beurteilung des Unternehmens als die Bilanz. Insofern übernimmt der Cashflow die Haftungsfunktion des Eigenkapitals.

3.3 Wertsteigerung als Aufgabe des strategischen Finanzmanagements

Die Wurzeln der Wertsteigerungsökonomie reichen bis in die dreißiger Jahre zurück. Schon damals machten Betriebswirtschaftler darauf aufmerksam, dass es zwischen dem Management und den Anteilseignern Interessengegensätze gibt. Während das Management buchhalterischen Gewinn anstrebt, steigert es nicht zwangsläufig den Unternehmenswert. Doch nur durch Letzteren wird der Wert der Aktien gesteigert.

Mit dem Shareholder-Value setzte ein Paradigmenwechsel ein, indem die strategische Ausrichtung weg vom Wettbewerbsvorteil und hin zum Unternehmenswert einsetzte. Das Konzept entstand aus der Erkenntnis, dass sich die Steigerung des Unternehmenswertes nur dann einstellt, wenn sich der Unternehmenswert als Ganzes entwickelt, das heißt, wenn ein Gleichgewicht zwischen zukunftsbezogenen Investitionen und der Ausschöpfung der aktuellen Marktmöglichkeiten erreicht wird. Der ausgewiesene Gewinn allein ist kein zuverlässiger Indikator der Wertschöpfung, weil unterschiedliche Bewertungsregeln und Verbuchungsmöglichkeiten nichts über den tatsächlichen Gewinn aussagen. Außerdem liegt eine Gewinnsteigerung, die durch übermäßige Risiken erreicht wurde und keine Steigerung des Aktienkurses nach sich zieht, nicht im Interesse der Eigner. Dadurch dass sich das Management zunehmend mit kurzfristigen Quartalsabschlüssen beschäftigt, werden gegebenenfalls Investitionen vernachlässigt, die sich erst in ferner Zukunft auszahlen. Als Folge hiervon weichen die Marktwerte von den Buchwerten ab.

Die Verantwortung für die Steigerung des Eigentümerwertes, des Shareholder-Value, trägt das Management eines Unternehmens. Folglich ist die Unternehmensführung im Sinne des Shareholder-Value-Ansatzes gut beraten, Geschäftsstrategien nach Renditegesichtspunkten zu beurteilen.

Erfolgsfaktoren für den Shareholder-Value

Diese Erfolgsfaktoren führen zu einem realen Erfolg und somit zu einer Erhöhung des inneren Wertes. Die Verwirklichung dieser Ziele wird durch folgende sechs Erfolgsfaktoren bestimmt:

1. *Kundenorientierung.* Ihr Unternehmen muss über den Kundennutzen hinaus auch die nächsten Stufen, die Kundenbindung und die Kundenloyalität, erreichen, um ein Unternehmen mit einem hohen Kundenwert, dem sogenannten Customer-Lifetime-Value, zu sein (siehe Kapitel B.8 »Wer sind Ihre Kunden?«).

2. *Wandlungsorientierung.* Unter dem Gesichtspunkt der Globalisierung der Märkte müssen Unternehmen schnell auf stetig wachsenden Anpassungs- und Änderungsdruck reagieren.

3. *Kernkompetenzorientierung.* Die Kernkompetenz ist eine Eigenschaft des Unternehmens, die langfristigen Imitationsschutz gegenüber der Konkurrenz aufbaut und somit den Shareholder-Value beeinflusst (siehe Kapitel B.4.2 »Kennen Sie Ihre Kernkompetenzen?«).

4. Mitarbeiterorientierung. Der Wert Ihrer Mitarbeiter wird als Triebfeder für die Wertschöpfung erkannt und die Mitarbeiterorientierung als einer der wichtigsten Erfolgsfaktoren betrachtet. Im Shareholder-Value-Ansatz steht der Mitarbeiter hinter dem Aktionär, jedoch darf nicht vergessen werden, dass gerade ein innovatives, motiviertes und produktives Team Grundstein und Bedingung für einen nachhaltigen Unternehmenswert bedeutet (siehe Kapitel 1.1 »Strategie- und zielorientierte orientierte Mitarbeiterführung«).

5. Netzwerkorientierung. Der Prozess der Wertsteigerung hat eine netzwerkartige Konfiguration, in der auf allen Stufen der Wertsteigerung mit internen und externen Kunden, mit Lieferanten und mit ausgegliederten Tochtergesellschaften interagiert wird. Darum ist das gesamte Netzwerk Optimierungsgegenstand.

6. Wertschöpfungsorientierung. Nicht nur verlustbringende oder unterdurchschnittlich rentable, sondern auch nach traditionellen Bewertungsmaßstäben als höchstrentabel ausgewiesene Unternehmensteile müssen Sie dann rückinvestieren, wenn langfristig die Renditen unter den Kapitalkosten liegen, das heißt die diskontierten zukünftigen Cashflows negativ sind.[43]

Die Wandlungsorientierung ist die Primärursache, aus der sich die anderen Erfolgsfaktoren ergeben. Sie steht am Anfang sämtlicher Wechselwirkungsprozesse. Aus ihr entspringen Innovationen, Mitarbeiterorientierung, Kundenorientierung und Imitationsschutz gegenüber der Konkurrenz.

3.4 Basel II als Aufgabe für Ihr strategisches Finanzmanagement

Die meisten Unternehmen finanzieren sich, soweit sie extern Geld aufnehmen, mit Bankkrediten. Eine Ausgabe von Aktien oder Schuldverschreibungen scheiden größenbedingt aus, Beteiligungskapital oder Leasing kämen gegebenenfalls noch infrage. Aber der Klein- oder Mittelständler geht normalerweise zur Bank, wenn er

43. Vgl. Alfred Rappaport: *Shareholder Value*, Stuttgart 1999 (Schäffer-Poeschel).

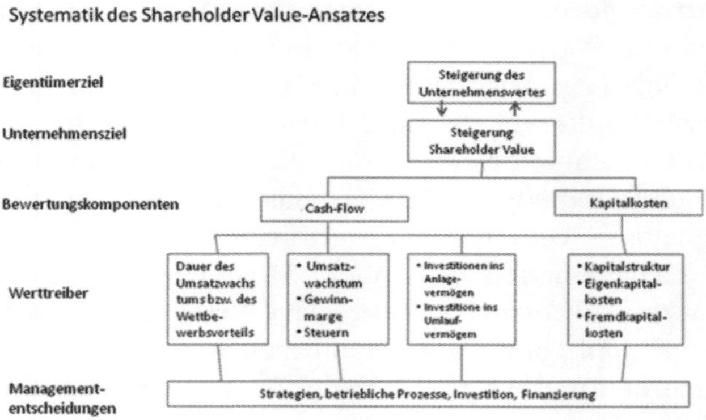

Abbildung 40: Systematik des Shareholder-Value-Ansatzes

Geld braucht. Damit gilt auch für ihn ein Sachverhalt, der das Geschäftsleben zukünftig prägt: Gemeint ist »Basel II«, ein Begriff der ebenso in unser Bewusstsein eindrang wie »Hartz IV«.

Basel II ist für Sie kein Fremdwort mehr. Es bezeichnet die Gesamtheit der Eigenkapitalvorschriften, die vom Basler Ausschuss für Bankenaufsicht in den letzten Jahren erarbeitet wurden. Die Regeln müssen seit dem 1. Januar 2007 von allen Banken in den Mitgliedsstaaten der Europäischen Union angewendet werden. Damit sollen eine angemessene Eigenkapitalausstattung von Banken sichergestellt und einheitliche Wettbewerbsbedingungen sowohl für die Kreditvergabe als auch für den Kredithandel gewährleistet werden.

Die Bonitätsprüfung

Das führt zu veränderten »Spielregeln« bei der Kreditvergabe. Basel II sieht vor, dass der Kreditvergabe zukünftig eine Bonitätseinstufung vorausgeht. Diese wird auf der Basis eines Ratings vorgenommen. Es zeigt, welches Risiko die Bank mit der Kreditvergabe eingeht. Bei einer schlechten Bonität ist das Ausfallrisiko für die Bank größer als bei einer guten, was sich die Bank mit angepassten Zinssätzen vergüten lässt.

Bisher mussten die Banken Kredite pauschal mit 8 Prozent Eigenkapital unterlegen. Zukünftig wird dieses nach oben oder unten differenziert. Verleiht eine Bank 1 Million Euro an ein Unternehmen mit einer (sehr guten) Bonitätsgewichtung, dann muss sie diesen Kredit nur mit 16.000 Euro Eigenkapital unterlegen. Ist die Bonität aber mit 150 Prozentpunkten nur mangelhaft, muss sie 150.000 Euro in das Eigenkapital buchen. Eine Erhöhung des Eigenkapitals der Bank um 1 Prozent verteuert den Zins für den Darlehensnehmer um 0,15 Prozent.

Damit handeln Banken betriebswirtschaftlich vernünftig, indem sie ihren eigenen Unternehmenswert zu steigern und Risiken zu vermeiden versuchen. Die Kehrseite aber ist, dass sich Banken und Sparkassen immer reservierter gegenüber Kreditanfragen verhalten, sodass kapitalbedürftige Unternehmen schnell in die Schräglage geraten. Unsere Kreditverleiher haben Basel II dazu genutzt, die gesamte Kreditpraxis auf den Prüfstand zu stellen. Sie als Unternehmen oder Manager sind also gut beraten, das Thema Basel II sehr ernst zu nehmen.

§ 18 Kreditwesengesetz: Ein Kreditinstitut darf einen Kredit von insgesamt mehr als 250.000 Euro nur gewähren, wenn es sich von dem Kreditnehmer die wirtschaftlichen Verhältnisse, insbesondere durch Vorlage der Jahresabschlüsse, offenlegen lässt.

Was wird geratet?

Ein Rating ist eine Aussage über Ihre zukünftige Fähigkeit, Verbindlichkeiten vollständig und termingerecht zurückzubezahlen, es ist ein Bonitätszeugnis, mit dem der Preis für Fremdkapital festgesetzt wird. Bei kleineren Unternehmen wird es bankintern, bei größeren von externen Ratingagenturen durchgeführt. Jede Bank kann ihr Ratingverfahren hausspezifisch gestalten, wobei sich aber immer mehr Gruppenlösungen der Sparkassenorganisation und Volksbanken abzeichnen.

Beim Rating werden qualitative und quantitative, harte und weiche Merkmale Ihres Unternehmens analysiert und bewertet. Diese Ratingpunkte führen direkt in das Thema strategisches Management hinein. Wer sie gründlich bearbeitet, verfügt unter dem Strich über seine kurz- bis mittelfristige Businessstrategie. Beispiele hierfür sehen Sie in Tabelle 17:

Management, Führungsstruktur, Personal	• Praxis der Personalförderung • Art und Weise der Personalbeschaffung • Sind Nachfolgeregelungen geklärt? • Sind die Inhaber im Management? • Wie ist deren Qualifikation/Ausbildung? • Höhe der Fluktuation der leitenden Angestellten • Welche Wechsel gab es in den letzten drei Jahren? • Welche Wechsel stehen bevor?
Strategie, Ziele, Planungen	• Welche strategischen Ziele werden verfolgt? • Wer generiert wie die Ziele? • Welche Planungsinstrumente werden eingesetzt? • Wird die strategische Planung über Finanzrechnungen abgebildet?
Rechnungswesen, Controlling	• Welche Aufgaben hat Controlling im Unternehmen? • Welche Instrumente werden genutzt? • Wie werden Investitionsentscheidungen getroffen? • Welche Instrumente der Kostenrechnung werden genutzt? • Wie ist das Risikomanagement organisiert? • Welche Risikobereiche stehen im Vordergrund? • Wie werden die Risikopositionen im Sinne eines Fortbestandsrisikos des Unternehmens gesehen?
Finanzmanagement	• Wie ist das Finanzmanagement strukturiert? • Gibt es ein CashManagement-System? • Welche Kreditlinien bestehen bei den Banken (Finanzstatus)? • Wer sind die Kreditgeber? • Wie werden die Kreditlinien gepflegt? • Gibt es Leasing/Factoring?
Interne Prozesse, Produktion	• Wie sieht das Krisenmanagement bei betrieblichen Störfällen aus? • Sind technische Ausfallrisiken bekannt? • Welches Schutzkonzept gibt es bei Kerneinrichtungen? • Wie sieht das Logistik-Konzept aus? • Wie ist der Integrationsgrad der IT? • Ist Standardsoftware im Einsatz? • Wie ist die Qualität der Anlagen? • Beurteilung des Standorts? • Effizienz der Prozesse? • Fehlzeiten/Ausschussquoten?

Produkte, Vertrieb, Marketing, Stellung am Markt und Wettbewerb	• Wie sieht das Produktprogramm aus? • Wie wird die Produktentwicklungsfähigkeit beurteilt? • Welches Marktpotenzial wird gesehen? • Liegen Wettbewerbsanalysen vor? • Wie wird das eigene Marktverhalten eingeschätzt? • Wie wird das Marktverhalten der Mitbewerber beschrieben?
Kunden und Lieferanten	• Wie ist die Vertriebsstruktur gegliedert? • Wie sind die Umsatzanteile wichtiger Kunden? • Liegen Abhängigkeiten vor? • Gibt es Forderungsausfälle oder Insolvenzen bei Kunden? • Welche Instrumente des Debitorenmanagements werden genutzt? • Wie erfolgt die Lieferantenauswahl? • Welche Kriterien liegen der Angebotsanalyse im Einkauf zugrunde? • Wichtigste Debitoren/Kreditoren? • Auftragslage und Kapazitäten?

Tabelle 17: Beispiele für Rating-Prüfpunkte

Einstufung in Ratingklassen

Je nach Prüfergebnis werden Sie nun in eine der Ratingklassen eingestuft. Auch dazu ein Beispiel, wie es von den Ratingagenturen, hier Creditreform, eingesetzt wird. Das Notenschema reicht von AAA (auch als »Triple A« bezeichnet) bis hin zu D, was der Schulnote 6 entspricht. Die Risikogewichtung nimmt die Bank nach eigenem Ermessen vor.

Der Eigenkapitalfaktor rechts (Abbildung 41) zeigt, um wie viel mehr die Bank in ihr Eigenkapital nachschießen muss, wenn sich der Darlehensnehmer in Richtung B, C, D bewegt, und um wie viel teurer ein Darlehen für den Kreditnehmer wird, wenn man 0,15 Prozent Zinszuschlag bei einem Prozentpunkt Eigenkapital rechnet.

Angenommen, ein Unternehmen bewegt sich im Bereich A, dann muss die Bank nur die Hälfte der durchschnittlichen Kredithinterlegung von 8 Prozent, also 4 Prozent der Kreditsumme, abdecken. Bewegt sich der Kunde aber im Bereich B, dann sind 12 Prozent des Darlehens mit Eigenkapital zu sichern.

Rating-klassen	Rating	Erläuterung	Basel II EK-Faktor
AAA	AAA	Beste Bonität, geringstes Insolvenzrisiko	20%
	AA+		
AA	AA	Sehr gute Bonität, sehr geringes Insolvenzrisiko	
	AA-		
	A+		
A	A	Gute Bonität, geringes Insolvenzrisiko	50%
	A-		
	BBB+		
BBB	BBB	Stark befriedigende Bonität, mittleres Insolvenzrisiko	100%
	BBB-		
	BB+		
BB	BB	Befriedigende Bonität, höheres Insolvenzrisiko	
	BB-		
	B+		
B	B	Ausreichende Bonität, hohes Insolvenzrisko	150%
	B-		
	CCC		
C	CC	Kaum ausreichende Bonität, sehr hohes Insolvenzrisiko	
	C		
D	D	Ungenügende Bonität (Insolvenz, Negativmerkmale)	

Abbildung 41: Einstufung in Ratingklassen

Es gibt aber keinen Grund, nervös zu werden, wenn Sie als Freiberufler oder als Kleinunternehmer tätig sind. Hierfür wurde eine Ausnahme geschaffen. Wenn Sie ein Darlehen benötigen, einen sogenannten »Retailkredit«, so wird dieser mit 75 Prozent bewertet. Das entspricht einer Eigenkapitalunterlegung in der Höhe von 6 Prozent der Kreditsumme. Hierbei handelt es sich um eine gewollte Maßnahme der Existenzgründungs- und Mittelstandsförderung. Dennoch muss man sich heute einem strengeren Verfahren der Kreditvergabe stellen als früher. Im Rahmen einer solchen Prüfung fragen Banken sehr präzise nach Ihrer Strategie und wollen die von Ihnen erarbeiteten Strategiedokumente einsehen.

3.5 Ihre finanzwirtschaftliche Strategieformulierung

Auch im Bereich des Finanzmanagements erfordert es Vorstellungskraft und intellektuelle Anstrengung, Ihre Wettbewerbs- beziehungsweise Markstrategie mit der passenden Finanzstrategie zu fundieren. Sie sind gefordert, die Verknüpfung von finanzpolitischen Notwendigkeiten, die sich aus Ihrer Marktstrategie, aber teilweise auch aus anderen Funktionalstrategien ergeben, zu erkennen und zu planen. Es empfiehlt sich, in drei Schritten vorzugehen:

Als Ihr Strategiecoach bitte ich Sie, über diese Fragen nachzudenken:

1. Sie beschreiben den Ist-Zustand Ihres Finanzwesens und formulieren Ihre finanzpolitischen Ziele.
2. Sie vergegenwärtigen sich die Auswirkungen Ihrer finanzpolitischen Ziele.
3. Sie gehen in die Feinjustierung Ihrer finanzpolitischen Ziele und füllen die restlichen Felder der Tabelle aus.

Handlungsfelder des strategischen Finanzmanagements	**Ist-Zustand**	**Strategisch zu nutzende Stärke ja/nein**	**Ihr strategisches Ziel (Was, wie viel, bis wann?)**	**Grund (Warum wichtig?)**	**Mittel, Wege (Herangehensweise) und Verantwortlichkeiten (Wer, was, bis wann?)**	**Welcher Ihrer Grundwerte ist hier zu beachten?**
Liquiditätsreserven						
Liquiditätsplanung						
Cashflow						
Eigenkapitalausstattung						
Eigenkapitalrendite						
Umsatzrendite						
Claim-Management (Nachforderungen)						

Ihre Finanzstrategie: Wie kommen Sie zum Geld?

Kredit-spielraum						
Rechtzeitige Rechnungsstellung						
Nutzung von Lieferantenkrediten						
Zins- und Tilgungslast						
Ertragsschätzungen und Rentabilitätsprognosen						
Forderungsmanagement						
Eigenfinanzierung						
Fremdfinanzierung						
Basel II/ Rating						
Budget-planung						
Nutzung Kennzahlen						
Kosten-kontrolle						
Finanzielle Unabhängigkeit						

Risikoeinschätzungen und Risikominimierung						
Unternehmenswert						
Kapitalstruktur						
Steuerlast						
Finanzorganisation						

4. Ihre Strategieformulierung für das Marketing

Als Autor bitte ich auch hier um Ihr Verständnis, dass es nicht möglich ist, alle nur denkbaren Sonderfälle aus Hunderten von Branchen in die nachfolgende Checkliste aufzunehmen. Das gilt ebenso für die vielen Sonderfälle des Marketings. Mein Käsehändler auf dem Bad Nauheimer Wochenmarkt muss andere Aspekte des Marketings beachten als ein IT-Provider. Manche betreiben Marketing, ohne zu wissen, dass sie es tun. Ein Großunternehmen leistet sich den Luxus einer eigenen Marketingabteilung, in der die Richtung strategisch durchdacht wird. Nutzen Sie also die nachfolgende Checkliste eher als eine Art Denkanstoß und füllen Sie diese mit Ihren spezifischen Marketingfragen aus.

Vielleicht fällt Ihnen auf, dass die Checkliste leicht vertriebslastig ist. Das geschah bewusst, da der Vertrieb in vielen Unternehmen die Hauptschwachstelle ist. Hier haben Sie oft die größte Hebelwirkung für Ihre Umsatzsteigerung.

Als Ihr Strategiecoach bitte ich Sie, über diese Fragen nachzudenken:

1. Sie beschreiben den Ist-Zustand Ihres Marketings und formulieren Ihre strategischen Marketingziele.
2. Gehen sie in die Feinjustierung Ihrer Marketingstrategie und füllen Sie die restlichen Felder der Tabelle aus.

Handlungsfelder des strategischen Marketings und Vertriebs	**Ist-Zustand**	**Strategisch zu nutzende Stärke ja/nein**	**Ihr strategisches Ziel (Was, wie viel, bis wann?)**	**Grund (Warum wichtig?)**	**Mittel, Wege (Herangehensweise) und Verantwortlichkeiten (Wer, was, bis wann?)**	**Welcher Ihrer Grundwerte ist hier zu beachten?**

Anreizsysteme für Verkäufer (Incentives, Prämien)						
Außenwirkung des Innendienstes						
Bekanntheitsgrad						
Beschwerdemanagement						
Corporate Identitity						
Differenzierung						
Direktvertrieb						
Distributionsdichte						
E-Business						
Empfehlungsvertrieb (z. B. Leser werben Leser)						
Franchising						
Führung der Vertriebsmitarbeiter						
Image, Imagefaktoren						
Key-Account-Management						

Kommissionsverkauf						
Konditionengestaltung						
Kommunikation der Vertriebspolitik (z. B. Berichtswesen)						
Kundenzufriedenheit						
Maklerverkauf						
Markenbildung						
Marktdurchdringung						
Markterschließung						
Marktinformationen (Marktanteile, Kennzahlen, Mitbewerber u. a.)						
Messeteilnahme						
Messung der Kundenzufriedenheit						
Namensgebung						
Neukundengewinnung						

Nische nutzen						
Preisgestaltung, Preisstrategie						
Produktoptimierung						
Produktverpackung						
Public Relations						
Qualifikation der Verkäufer						
Service						
Sortimentspolitik						
Strukturvertrieb (Versicherungen, Tupperware)						
Telefonverkauf						
Umsatz pro Kundenbesuch						
Unique Selling Proposition						
Verkaufsförderung (Preisausschreiben, Geld-zurück-Garantie, Proben)						

Verkaufs-hilfen						
Verkaufs-organisa-tion						
Vertriebs-control-ling						
Vertriebs-formen						
Vertriebs-partner						
Vertriebs-planung und Ver-triebskon-zept						
Vertriebs-ziele, ein-deutige						
Werbung, Werbe-wirksam-keit, Werbe-ziele						
Werbebot-schaften						
Werbe-mittel (Flyer, Ge-schenke)						
Werbeträ-ger						
Zielgruppe						

D. So setzen Sie Ihre Strategie erfolgreich um

Strategien müssen in Aktivitäten umgesetzt werden: Dem Wort folgt die Tat, jede Tat führt zu einem Ergebnis, mehrere Ergebnisse bringen Entwicklung, Entwicklung verändert Zustände, das Management muss diesen Entwicklungsprozess steuern und kontrollieren. Dazu bedarf es geeigneter Führungsinstrumente, Strukturen und eines die Strategie fördernden Klimas. Eine Strategie umzusetzen bedeutet, Schritt für Schritt vorwärtszugehen, wobei der nächste Schritt möglichst größer sein sollte als der vorausgegangene. Mit einem noch so guten Plan auf Papier ändert sich noch gar nichts, Erfolg erfolgt aus Handlungen. Nicht das Beginnen wird belohnt, sondern das Durchhalten – und selbst kleine Schritte führen zum Ziel. Dabei ist die Umsetzung Ihrer Strategie weit mühevoller als der Entwurf am Flipchart: Der Inspiration folgt die Transpiration.

Die Umsetzung Ihrer Strategie vollzieht sich normalerweise im Tagesgeschäft, im »business as usual«. Darum ist es nicht möglich, hier für alle Branchen allgemeingültige Umsetzungskonzepte zu beschreiben. Selbst in homogenen Branchen sind die Ausgangssituationen zu unterschiedlich, um zu allgemeingültigen Aussagen zu kommen. Die konkrete Form der Umsetzung hängt auch von den Inhalten Ihrer Strategie ab, denn es macht einen großen Unterschied, ob Sie einen Markt mit vorhandenen Produkten stärker durchdringen oder neue Produkte in einem neuen Markt platzieren wollen.

Für die Umsetzung Ihrer Strategie gibt es eine ganze Reihe von Konzepten und Instrumenten. So muss ein Unternehmen, das seine Kostensituation strategisch verbessern will, über das Thema Prozessmanagement nachdenken. Will sich eine Firma über die Qualität differenzieren, dann muss das Thema Qualitätsmanagement auf die Tagesordnung. Innovationsmanagement und Wissensmanagement sind anzuwenden, wenn es um neue Produkte oder andere elementare Neuerungen geht. Da Strategien in der Regel mit Wandel verbunden sind, bietet sich ein komplementäres Change-Management an. In meinem Buch *Moderne Managementkonzepte von A–Z* habe ich die wichtigsten vorgestellt.[44] Es würde den Rahmen dieses Buches sprengen, an dieser Stelle auf alle einzugehen.

---

44. Vgl. Walter Simon: *Moderne Managementkonzepte von A–Z*. Offenbach 2002 (GABAL).

Da es schier unmöglich ist, alle sich aus der Umsetzung ergebenden Aspekte hier darzustellen, beschränke ich mich auf jene, die von übergeordneter Relevanz sind. Dabei handelt es sich weniger um eine durchgängige Prozessbeschreibung von A bis Z, die gibt es nicht , sondern um ein Set an Instrumenten, die in der Umsetzungsphase anzuwenden sind. Dazu gehören Fragen der Projektorganisation und das Thema Unternehmenskultur. Letztere ist der Humus, der Ihren strategischen Ambitionen die richtige Grundlage gibt. Da sich strategisches Management in vielen Auftragspaketen vollzieht, stelle ich in groben Zügen das Thema Projektmanagement vor. Sie erfahren, wie Sie es im Rahmen Ihrer Strategie anwenden können. Sie werden informiert, wie Sie Ihr Unternehmen auf Ihre strategischen Ziele hin ausrichten. Und last not least werde ich Sie mit der Balanced Scorecard bekannt machen, einem Mehrzweckwerkzeug für Ihre strategische Planung, Durchführung und Kontrolle.

1. Von der strategischen Planung zum strategischen Management

In den einzelnen Kapiteln dieses Teils gehe ich aus den vorstehend genannten Gründen auf solche Aspekte ein, die auf übergeordneter Ebene für Ihr strategisches Management relevant sind. Überhaupt ist es spätestens hier angebracht, nochmals darauf hinzuweisen, dass wir uns in den bisherigen Kapiteln noch im Bereich der *strategischen Planung* bewegt haben. Erst jetzt beginnt das eigentliche *strategische Management.* Jetzt rückt die Managementsystematik in den Mittelpunkt Ihres Denkens und Handelns. Sie besteht aus diesen elementaren Einzelfunktionen:

1. Ziele setzen (Wo stehen wir? Wo wollen wir hin?)
2. Planen (Welchen Weg nehmen wir? Welche Ressourcen haben wir? Wie viel Zeit haben wir?)
3. Entscheiden (Alternative A, B oder C?)
4. Realisieren (Organisieren, Koordinieren, Delegieren)
5. Kontrollieren (sachlich, personell, zeitlich, Controlling)

Die genannten Funktionen stellen sich als immer wiederkehrende Aufgaben dar, die prinzipiell in jeder Leitungsposition zu leisten sind, und zwar unabhängig davon, auf welcher Hierarchieebene und in welchem Unternehmen sie anfallen. Steuerung setzt jedoch Information und Kommunikation voraus. Diese stehen im Mittelpunkt der Funktionen. Ohne sie ist es nicht möglich, Ziele zu setzen, diese zu planen, dazu Entscheidungen zu treffen, Maßnahmen durchzuführen und diese zu kontrollieren.

Die Grundfunktionen des Managements werden in einem Kreismodell dargestellt, dem sogenannten »Management-Regelkreis«, den man sich wie ein Steuerrad vorstellen kann. Er wird, nachdem das Ziel erreicht wurde, geschlossen oder mit neuen beziehungsweise höheren Zielen von Neuem eröffnet. Denkbar ist aber auch, dass er wieder geöffnet wird, weil ein Ziel nicht erreicht wurde. Die Analyse der Abweichungen wird dann zur Grundlage der neuen Ausgangs- beziehungsweise Situationsanalyse. Während das Denken und Informieren die anderen Funktionen zunächst horizontal verknüpfen, bilden sie jetzt außerdem das Verbindungsglied zwischen zwei Ebenen. Das Bild vom Zielerreichungskreis wird präziser, wenn man es sich jetzt dreidimensional vorstellt, ähnlich wie eine Wendeltreppe. Nach jeder Umkreisung ist man höher gekommen. Wenn Sie mehr über systematisches Managen wissen wollen, empfehle ich Ihnen mein Buch *Managementtechniken.*[45]

Die Management-Grundfunktionen im Regelkreis

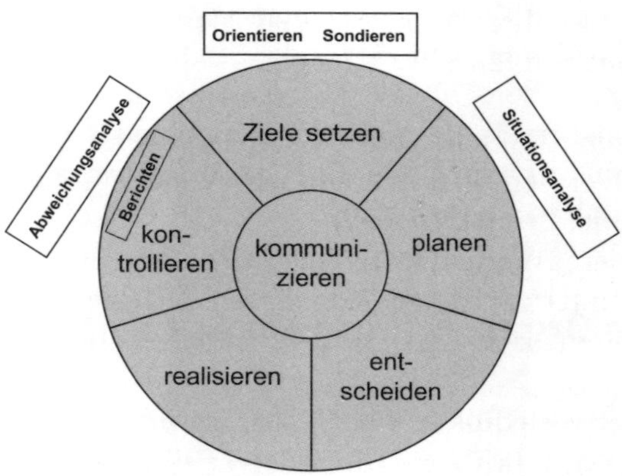

Autro/in: Prof. Dr. Walter Simon

Abbildung 42: Der Management-Regelkreis mit seinen Grundfunktionen

Die Managementfunktionen Ziele setzen, planen, entscheiden und kontrollieren wurden in diesem Buch an vielen Stellen bereits behandelt, ohne ausdrücklich darauf hinzuweisen, dass es sich um elementare Managementfunktionen handelt. In diesem Abschnitt geht es nur um die Realisation, also um das praktische Tun, das sich in vielen Formen ausprägt.

45. Vgl. Walter Simon: *Methodenkoffer Managementtechniken*, Offenbach 2005 (GABAL).

2. Wie Sie Ihre Strategie mit Ihren Mitarbeitern erarbeiten und realisieren

Sie haben das Buch bis hierher gelesen, wissen, worum es geht, und wollen sich jetzt an die Strategiearbeit machen. Wenn Sie ein kleines Unternehmen sind, ein Handwerksbetrieb oder eine Werbeagentur, dann kann Ihnen niemand diese Arbeit abnehmen, es sei denn, Sie engagieren einen Strategieberater. Ist Ihr Unternehmen größer, dann sollten Sie das Wissen ausgesuchter Mitarbeiter nutzen. Das ist schon deshalb wichtig, weil Sie für die Strategieumsetzung Verbündete brauchen. Außerdem: Ihre Mitarbeiter sind preiswerte und gute Unternehmensberater. Handelt es sich bei Ihnen um ein Großunternehmen, dann benötigen Sie eine gut durchdachte Aufbau- und Ablauforganisation für Ihr Strategieprojekt.

2.1 Ohne Organisation geht es nicht

Der Begriff »Management« impliziert ein planvolles, systematisches und geordnetes Vorgehen. Fehlt dieses, dann setzen Sie sich dem Zufall aus. Daraus folgt, dass es eines gewissen Maßes an Organisation bedarf, um Strategien zu entwickeln und einzuführen. Sie sollten die organisatorische Gestaltung des Realisationsprozesses mit der gleichen Sorgfalt angehen wie die Beantwortung der inhaltlichen Fragen Ihrer Strategie.

Der Begriff Organisation ist im Sinne von Struktur und Ablauf zu verstehen. Hierfür wird häufig auch der Begriff »Prozessarchitektur« verwendet.

Was die Struktur angeht, so hängt diese vor allem von der Größe des Unternehmens ab. Ein Kleinunternehmen mit dauerndem persönlichem Kontakt zwischen Geschäftsführung und Mitarbeitern kann auf ein gesondertes organisatorisches Gebilde zum Zwecke der

Strategieformulierung und -umsetzung verzichten. Je größer und unpersönlicher das Unternehmen ist, umso notwendiger ist die Strukturierung.

Sollte Ihre Strategie primär auf Ihre eigene Organisation hin ausgerichtet sein, beispielsweise in dem Sinne, dass Sie sich über eine umfassende Verbesserung der Unternehmensabläufe neue Marktchancen versprechen, dann empfehle ich Ihnen das Buch meines wertgeschätzten Kollegen Dr. Wafi Al-Baghdadi *Unternehmen vitalisieren*. Darin stellt er sein Konzept der 360-Grad-Teams vor. Hierbei handelt es sich um das Resultat seiner langjährigen Erfahrungen als Unternehmensorganisator und Projektleiter in Deutschland und dem Nahen Osten.[46]

Im Folgenden stelle ich Ihnen die organisatorischen Mindestanforderungen an ein Strategieprojekt vor.

Bildung einer Lenkungsgruppe

Irgendjemand muss die Fänden in die Hand nehmen, muss Entscheidungen treffen und den Arbeitsfortschritt kontrollieren. Diese Einrichtung nennt man üblicherweise Lenkungsgruppe. Ihr gehören die Mitglieder der Unternehmensleitung und die Führungskräfte der zweiten Ebene an. Sofern ein externer Berater verpflichtet wurde, sollten Sie diesen in die Lenkungsgruppe berufen. Die Unternehmensspitze muss den Prozess der strategischen Neuausrichtung innerlich mittragen, da sich nur so die notwendige Energie für das Projekt entwickelt. (Man könnte es auch so ausdrücken: Eine Treppe wird von oben nach unten gekehrt.)

Dieses Lenkungsorgan

- zeigt die Richtung und gegebenenfalls das Ziel der Strategiereise;
- wählt einen für das Strategieprojekt qualifizierten Leiter mit eindeutigen Aufgaben, Kompetenzen und Verantwortlichkeiten;
- benennt in Abstimmung mit dem Projektleiter die Mitglieder der Projektgruppe »Strategie« und definiert deren Aufgaben;

---

46. Vgl. Wafi Al-Baghdadi: *Unternehmen vitalisieren*, Landsberg 2007 (mi).

- nimmt die Vorschläge aus der Strategie-Projektgruppe entgegen und beschließt das weitere Vorgehen;
- diskutiert die Strategieplanung mit dem Projektleiter, ausgesuchten Fach- und Führungskräften und fasst Beschlüsse;
- tagt alle vierzehn Tage, um den Projektfortschritt zu überwachen, grundsätzliche Entscheidungen bei strategischen Lösungsansätzen und bei außergewöhnlichen Abweichungen zu treffen und den Projektleiter insgesamt zu unterstützen;
- ist Ansprechpartner für Projektleiter und Projektmitglieder sowie für den externen Berater.

Das Lenkungsorgan ist letztendlich für das in Kapitel E.3 (»Wie steuern und kontrollieren Sie den Erfolg Ihrer Strategie?«) dieses Buches beschriebene Strategiecontrolling verantwortlich, jedoch in enger Abstimmung mit dem Projektteam. Im Einzelnen handelt es sich um die Prämissenkontrolle, die Durchführungskontrolle, die Potenzialkontrolle und die strategische Überwachung als Daueraufgabe. In der Lenkungsgruppe laufen, ähnlich einer Kommandobrücke auf einem Schiff, alle relevanten Informationen zusammen, aus denen sich dann die Entscheidungen zu Kurs und Geschwindigkeit ergeben.

Auswahl und Benennung eines Projektleiters

Ein Strategieprojekt erfordert wegen seiner unternehmenspolitischen Bedeutung eine starke Führungspersönlichkeit, die Lokomotion (Vorwärtsbewegung) und Kohäsion (Zusammenhalt) verkörpert. Das könnte ein für diese Aufgabe freigestellter Manager sein, der über umfassende Unternehmenskenntnisse und Projekterfahrungen verfügt, glaubwürdig und anerkannt ist sowie einen untadeligen Leumund besitzt.

Die Funktions- und Machtverteilung zwischen dem Projektleiter und der Lenkungskommission ist im Vorfeld zu klären und zu dokumentieren. Damit wird Missverständnissen und Unklarheiten sowie Kompetenzgerangel der Nährboden weitgehend entzogen.

Das Mitarbeiterengagement bei Veränderungen

Wenn sich etwas verändern soll, dann gibt es:

- wenige, die viel tun
- einige, die viel reden, aber sonst nichts tun
- viele, die nichts tun, weil sie erst einmal abwarten, ob andere etwas tun
- viele, die nichts tun, weil sie nicht wissen, dass sie etwas tun sollen

Der Projektleiter erhält von der Lenkungsgruppe alle Befugnisse, die ihm eine wirkungsvolle Erfüllung seiner Aufgaben ermöglichen. Dazu gehören im Wesentlichen:

- Projektaufgabe strukturieren, in Teilziele aufteilen und mit der Lenkungsgruppe abstimmen beziehungsweise genehmigen lassen
- Im Einvernehmen mit den Abteilungsleitern Termine der Projektplanung (Meilensteine) abstimmen und die (groben) Kosten festlegen und überwachen
- Die notwendigen Ressourcen beantragen, planen und das eventuelle Budget in Abstimmung mit der Lenkungsgruppe erstellen
- Mitarbeiter für die Projektgruppe in Abstimmung mit der Lenkungsgruppe auswählen beziehungsweise benennen
- Projektdurchführung koordinieren, überwachen und steuern und gegebenenfalls Konsequenzen aus dem Soll/Ist-Vergleich ziehen und Korrekturen einleiten
- Informationsaustausch und Dokumentation sicherstellen, damit die richtigen Informationen in der richtigen Form zur richtigen Zeit am richtigen Ort (Empfänger) ankommen
- Hol- beziehungsweise Bringschuld der Informationen festlegen
- Durch teamorientierte Führung eine positive »Projektkultur« entwickeln, die das Denken und Handeln sowie die Zusammenarbeit im Projektteam fördert
- Vorhandene Ideen, Fähigkeiten, Potenziale und Möglichkeiten im Dienste des Projektziels nutzbringend bündeln, lenken und einsetzen
- Konflikte rechtzeitig erkennen und bewältigen

Beauftragung eines externen Beraters

Ein externer Berater bringt ein Fach- und Methodenwissen in das Unternehmen, das dort zumeist fehlt. Sie sollten aber darauf achten, dass er Ihnen keinen Konfektionsanzug von der Stange zu verpassen versucht, sondern genau Maß nimmt. Der Anzug muss passen – zu Ihrem Typ, Ihrer Kultur, Ihrem Angebot, Ihrem Markt, Ihrer Unternehmensgröße, um nur einige Punkte zu nennen. Wie überall gibt es »solche und solche« Berater, Top-Leute mit fundierter Managementerfahrung und Spinner, die man aus dem Unternehmen fernhalten sollte. Worauf es aus Kundensicht ankommt, zeigt Abbildung 43.

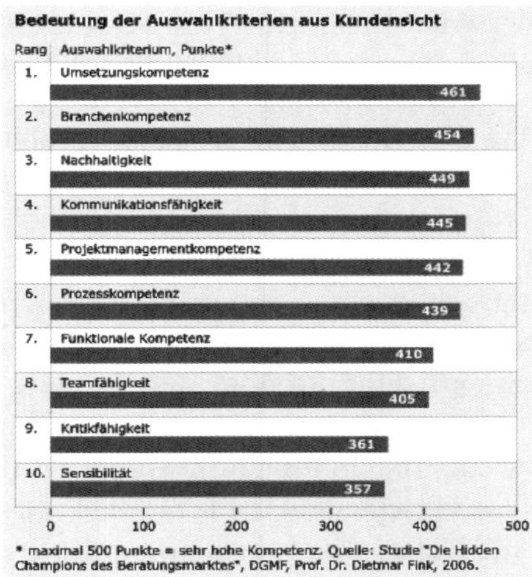

Abbildung 43: Auswahlkriterien für einen Strategieberater (Quelle: *managermagazin 7/2006*)

Sie sehen, der Berater muss über Erfahrungen im strategischen Management verfügen und im hohen Maße umsetzungsfähig sein. Wie die Abbildung zeigt, liegen die ersten fünf Punkte – Umsetzungskompetenz, Branchenkompetenz, Nachhaltigkeit, Kommunikationsfähigkeit und Projektmanagementkompetenz – eng beieinander. Die Abstände sind gering. Mit anderen Worten: Ihr Berater sollte ein wenig an die »eierlegende Wollmilchsau« erinnern.

Bildung der Projektgruppe »Strategie«

Die Auswahl der Mitglieder für die Projektgruppe »Strategie« fällt in den Aufgabenbereich des Projektleiters. Er schlägt diese dann der Lenkungsgruppe vor, die endgültig entscheidet. Zu den wichtigsten Aufgaben dieser Projektgruppe gehört es, die in diesem Buch beschriebenen Schritte des Strategieprozesses mit Inhalt zu füllen. Dieses Buch enthält das abzuarbeitende Programm, Schritt für Schritt. Im Verlauf dieser Arbeit berichtet die Projektgruppe der Lenkungsgruppe und unterbreitet Vorschläge. Hier liegt die letztendliche Verantwortung für das Strategieprojekt. Die Autorität des Lenkungsteams gibt der Projektgruppe das nötige Gewicht.

Da die Mitglieder der Projektgruppe Strategie noch weniger als die der Lenkungsgruppe mit Fragestellungen des strategischen Managements vertraut sind, empfehle ich, ein Qualifizierungsprogramm vorzuschalten. Ein Tag reicht hierfür, denn weitere Qualifizierungsschritte können durch den externen Strategiecoach im konkreten Themenkontext sozusagen als »training on the job« vermittelt werden.

Die Qualität der Projektgruppe wirkt natürlich auf das Strategieergebnis. Daher ist es wichtig, nur hoch motivierte und von der Notwendigkeit einer neuen Strategie überzeugte Mitarbeiter in das Projekt aufzunehmen. Eine erhöhte und breitere Akzeptanz der Arbeitsresultate oder gar des ganzen Strategiepakets wird erreicht und gefördert, wenn die in die Projektgruppe aufgenommenen Führungskräfte aus verschiedenen, idealerweise aus allen Abteilungen stammen. Alle Hauptverantwortlicher müssen sich darüber im Klaren sein, das die Auswahl der Projektanten diese zum Nachdenken über ihre persönlichen Karrierechancen und die sie betreffenden organisatorischen Konsequenzen animiert. Die Denkergebnisse haben zugleich Folgen für ihr Engagement in der Projektgruppe.

2.2 Die Grundhaltungen der Strategieakteure

Für die Mitarbeit am Strategieprojekt, hier insbesondere im Projektteam, brauchen Sie die richtigen Leute, solche mit strategiekonformen Qualifikationen. Wer aber sind die richtigen Mitarbeiter? Das hängt einerseits natürlich von der Art der Aufgabe und andererseits vom Strategiefortschritt ab. Angenommen, es soll eine technische Vorrichtung verbessert werden, dann brauchen Sie Fachleute im Team. Aber unter den Experten gibt es welche mit starkem und andere mit schwachem Temperament, gibt es Visionäre und Kontrolleure, Macher und Bremser, Logiker und Träumer. Angenommen, Ihr Team bestände nur aus Machertypen, dann hätten Sie viel Aktionismus im Team, aber keinen Zustrom an neuen Ideen. Setzt sich Ihr Team nur aus Visionären zusammen, dann hätten Sie viele Ideen, aber kaum neue Produkte oder Angebote. Es kommt auf den richtigen Mix an: Sie brauchen den Visionär, um Ideen zu generieren; der Kontrolleur rechnet und prüft diese auf ihre Machbarkeit; der Innovator gibt dem daraus entstandenen Produkt den nötigen Schwung; der Macher bringt es auf volle Touren. Es bedarf dann noch eines Teammitgliedes, das die verschiedenen Charaktere koordinierend und moderierend unter einen Hut bringt.

Der Strategiefortschritt spielt insofern eine Rolle, als eine Erntestrategie (»Cash Cows«) eher einen kostenbewussten, konservativ eingefärbten Managertyp erfordert als eine Pionierstrategie. Hier ist der Innovator gefragt. Eine strategische Positionierung von Managertypen im Rahmen des Lebenszyklus könnte aussehen wie in Abbildung 44:

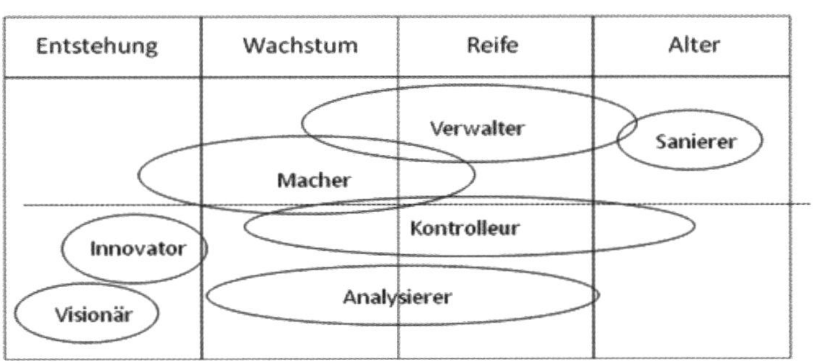

Abbildung 44: Der richtige Typ für den jeweiligen Lebenszyklus

Jeder trägt in sich seine mentalen Modelle, die auch die strategischen Grundhaltungen der Beteiligten prägen. Mentale Modelle sind persönliche Kernpositionen, die sich in elementaren Verhaltensweisen äußern, ohne fundiert reflektiert zu werden. Gemeint ist also das Typische, das, was einen Menschen auszeichnet.

Mein Freund, Rolf Berth, Vizepräsident des Q-Pool 100, Die Offizielle Qualitätsgemeinschaft internationaler Wirtschaftstrainer und -berater e.V. , hat in Anlehnung an den Amerikaner Leavitt eine Typologie entwickelt, die sich an Führungsfunktionen wie Ideen haben, Ziele setzen, planen, entscheiden, realisieren, kontrollieren und so weiter anlehnt. Danach gibt es diese sechs grundlegenden Managerpersönlichkeiten, die sich prozentual so verteilen und durch die beschriebenen Eigenschaften charakterisiert sind:

	Transformator	**Analysierer**	**Verlässlichkeitssucher**	**Utopischer Visionär**	**Robuster Macher**	**Organisierer**
Typ	Geschickter Tüftler, Optimierer	Experte, Strukturgeber	Planer, Vorsorger, Bewahrer	Star, Missionar, Innovator	Führer, Realisierer	Vermittler, Diplomat
Beschreibung	Rastloser Bastler und Tüftler, etwas eigenbrötlerisch, sozial eher isoliert	Zahlen, Daten, Fakten, Vernunftsmensch, Systematik, Korrektheit und Logik sind seine Stärken	Vermeidung von Risiko, sichere Lösung, neigt zur Ängstlichkeit	Ihm liegt es, kühne, mutige ungewöhnliche Ideen zu konzipieren, gewagte Vorstöße ins Unbekannte	Schnelles Handeln, guter Durchsetzer	Möchte es im sozialen Kontakt einfach haben, kann gut kooperieren

Häufigkeiten	12 Prozent	31 Prozent	21 Prozent	5 Prozent	19 Prozent	12 Prozent
Werte	unbeirrt kreativ tüfteln; evolutionär weiterentwickeln; verbissene Disziplin; Abstand zu anderen ist vorteilhaft	Struktur und Ordnung faszinieren; Autorität als Experte; unbedingt im Vorteil sein; Erfolg ist Wissen und Erfahrung; alles Handeln braucht Strategie	sorgsam planen; Geborgenheit; am Bewährten festhalten; gesundes Misstrauen ist nie falsch; Sinn und Bedeutung sind schwer zu enträtseln	Vision und Einmaligkeit suchen; Sinn und Bedeutung suchen; Ungebundenheit; Revolutionen finden im Kopf statt; Innovation ist stets Zerstörung	partout Spitze sein wollen; aggressives Feindbild; Gewinn- und Besitzgier	aufeinander zugehen; sich ergänzen; kompromissbereit; sich durchmogeln
Wo ordnen Sie sich zu? Wo welche Mitarbeiter?						

Tabelle 18: Managerpersönlichkeiten und ihre typischen Wesenszüge

Wie Sie sehen, haben die Analysierer ein Übergewicht, während die Visionäre unterrepräsentiert sind. Strategieentwicklung ist aber nicht nur Analyse. Man benötigt auch Vor- und Querdenker. Daraus folgt, dass Sie bei der Zusammensetzung Ihrer Strategie-Projektgruppe nicht nur auf die Repräsentativität vertretener Abteilungen achten sollten, sondern auch auf den Mix der Charaktere.

Auch Sie haben Ihren eigenen persönlichen Schwerpunkt in Bezug auf den Managementprozess und Ihre typologische Heimat:

Der eine ist der Visionär, ein zweiter der Organisierer und ein dritter eher der Macher. Jeder Mensch kann entsprechend zugeordnet werden, mit seinen Stärken und Schwächen. Keiner verkörpert alle Segmente, aber ein Unternehmen braucht jeden in seiner Art. Nobody is perfect und braucht deshalb den anderen.

2.3 Mit DNLA genau Maß nehmen

Wenn Sie ganz sicher sein wollen, die richtigen »Strategen« um sich herum versammelt zu haben, wenn Sie genau Maß nehmen wollen, dann müssen Sie zu einem psychometrischen Messinstrument greifen. Von diesen gibt es viele, Sie haben hier die Qual der Wahl.

In der Fachzeitschrift *Personalwirtschaft* 12/2007 wurde das DNLA-Expertensystem vorgestellt, mit dem viele Personalberater arbeiten. Ich möchte Ihnen dieses System vorstellen, da diese Veröffentlichung eine für Neutralität bürgende Referenz ist. Weiterhin hat sich das Unternehmen zur Unterstützung dieses Buches bereit erklärt, sodass Sie als Leser gratis die Möglichkeit erhalten, dieses potenzialanalytische Verfahren zu testen. Mehr dazu am Ende dieses Abschnitts.

Das DNLA-Verfahren fragt nicht nach Persönlichkeitsstrukturen, ob jemand eher der »Macher«, »Denker«, »Organisator« oder »Visionär« ist, sondern nach Verhaltensfaktoren, die in einem genau fixierten Umfeld notwendig sind, um beruflichen Erfolg zu haben. Es wird davon ausgegangen, dass Berufserfolg eine Gesamtgröße ist, die aus vielen unterschiedlichen Faktoren zusammengesetzt ist, beispielsweise: Umgang mit schwierigen Situationen, anderen Personen oder auch mit komplexen Leistungsanforderungen wie Systematik und Selbstorganisation. Es gibt also keine einzelnen »magischen Faktoren«, sondern immer nur das kombinierte Zusammenwirken mehrerer einzelner Einstellungsfaktoren.

Die wissenschaftlichen Entwickler des DNLA-Verfahrens gingen von 25 Verhaltensdimensionen aus, mit denen das Managementpotenzial in den Bereichen Führungstechnik, Kooperation und Konsens sowie unternehmerisches Denken und Handeln beschreibbar gemacht werden kann. 18 dieser Verhaltensdimensionen sehen Sie in den Auswertungsgrafiken (Abbildungen 45 und 46). Diese werden erfolgreichen Führungskräften der exakt gleichen Position gegenübergestellt. Das ist möglich, weil DNLA mit einem sogenannten »Expertensystem« arbeitet, in dem eine halbe Million Auswertungsergebnisse gespeichert sind. Wird nun das Managementpotenzial einer mittleren Führungskraft (etwa Abteilungsleiter Vertrieb) eines Finanzdienstleisters ermittelt, vergleicht das System das konkrete Ergebnis der betreffenden Person mit mehr als tausend Auswertungen anderer Manager in exakt gleicher Position, gleichem Verantwortungsbereich und so weiter.

In dem Online-Programm finden Sie keine Fragen zur Persönlichkeit, sondern nur Verhaltensfragen für ganz bestimmte betriebliche Situationen. Das hat seinen Grund darin, weil die »Führungspersönlichkeit« nur relativ schwer zu verändern ist, das Führungsverhalten dagegen relativ leicht den Erfordernissen einer bestimmten Position in einem bestimmten Unternehmen angepasst werden kann. Ein weiterer Grund: Die Anforderungen an das Führungsverhalten und die damit verbundenen Führungstechniken ändern sich relativ schnell.

Machen Sie sich ein Bild. Hier mit mir als Teilnehmer am Verfahren: Sie sehen, ich erfülle die Anforderungen im Bereich »Führungsqualität« bei zwei Dimensionen unzureichend. Bei der Dimension »Autorität« ermittelte das Verfahren für mich einen Wert von 70 Prozent, also etwas unterhalb der betrieblichen Anforderungen. In der Erläuterung ist nachzulesen, dass ich versucht hatte, mich weniger autoritär darzustellen, als ich in Wirklichkeit bin. Die Manipulation wurde erkannt. Auch bei »Einbeziehung« bekam ich ein Minus. Im ausführlichen Report heißt es dazu, dass Partizipation grundsätzlich vernünftig ist. Meine Mitarbeiter identifizieren sich darum schnell mit den angestrebten Zielen. Doch das ist mit hohem Aufwand verbunden und hat bei einen eventuellen Nachteil: Wenn viele Veränderungen anstehen, tritt Entscheidungsmüdigkeit ein. Auch unwichtige Dinge werden manchmal von mir in epischer Breite diskutiert und Wichtiges zerredet.

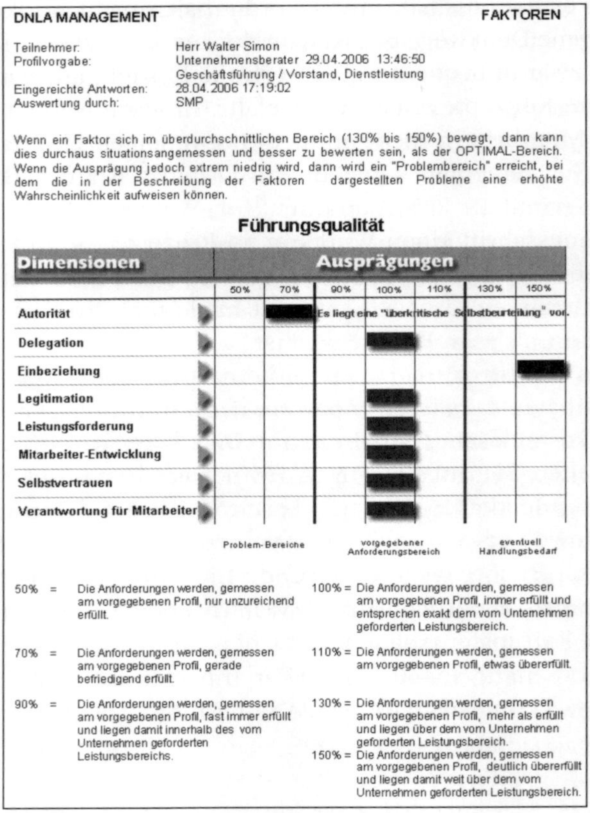

DNLA MANAGEMENT **FAKTOREN**

Teilnehmer: Herr Walter Simon
Profilvorgabe: Unternehmensberater 29.04.2006 13:46:50
Geschäftsführung / Vorstand, Dienstleistung
Eingereichte Antworten: 28.04.2006 17:19:02
Auswertung durch: SMP

Wenn ein Faktor sich im überdurchschnittlichen Bereich (130% bis 150%) bewegt, dann kann dies durchaus situationsangemessen und besser zu bewerten sein, als der OPTIMAL-Bereich. Wenn die Ausprägung jedoch extrem niedrig wird, dann wird ein "Problembereich" erreicht, bei dem die in der Beschreibung der Faktoren dargestellten Probleme eine erhöhte Wahrscheinlichkeit aufweisen können.

Führungsqualität

50% = Die Anforderungen werden, gemessen am vorgegebenen Profil, nur unzureichend erfüllt.

70% = Die Anforderungen werden, gemessen am vorgegebenen Profil, gerade befriedigend erfüllt.

90% = Die Anforderungen werden, gemessen am vorgegebenen Profil, fast immer erfüllt und liegen damit innerhalb des vom Unternehmen geforderten Leistungsbereichs.

100% = Die Anforderungen werden, gemessen am vorgegebenen Profil, immer erfüllt und entsprechen exakt dem vom Unternehmen geforderten Leistungsbereich.

110% = Die Anforderungen werden, gemessen am vorgegebenen Profil, etwas übererfüllt.

130% = Die Anforderungen werden, gemessen am vorgegebenen Profil, mehr als erfüllt und liegen über dem vom Unternehmen geforderten Leistungsbereich.

150% = Die Anforderungen werden, gemessen am vorgegebenen Profil, deutlich übererfüllt und liegen damit weit über dem vom Unternehmen geforderten Leistungsbereich.

Abbildung 45: DNLA-Auswertung Führungsqualität

Weitere Informationen liefert die folgende Auswertung »Kooperation und Konsens«. Von den zehn gemessenen Dimensionen befinden sich sieben Potenziale genau zwischen den beiden roten Linien. In diesen Bereichen erfülle ich exakt die Anforderungen, die von der beruflichen Position gefordert werden. Hier der Text aus der Auswertung:

Identifikation: Er hat wegen seiner großen Eigenständigkeit Probleme, sich mit »von oben« vorgegebenen Aufgaben zu identifizieren. (Anmerkung des Verfassers: Die Profilvorgabe ging von einer fiktiven Position aus!) Positiv: Er ordnet sich nicht kritiklos unter, behält eigene Denkwege bei, ist Querdenker. Dies ist eine für andere Kollegen zwar unbequeme, aber wertvolle Einstellung, weil dadurch oft bessere Konzepte entstehen. Gefahr: Projekte werden von feinfühligen Mitarbeitern nicht mit dem notwendigen Einsatz vorangetrieben. Sie bemerken seine innere Distanz. Bei der Dimension »Image« ermittelte das Verfahren für Walter Simon im ersten Auswertungsschritt einen Wert von 70 Prozent, also unterhalb der betrieblichen Anforderungen. (In den weiteren Erläuterungen ist dann nachzulesen, dass ich versucht hätte, mein Image schlechter darzustellen, als es in Wirklichkeit ist.)

Wenn Sie mehr über dieses Thema beziehungsweise Ihr Managementpotenzial wissen möchten, dann nutzen Sie die Möglichkeit der kostenlosen Teilnahme am DNLA-Verfahren. Zu diesem Zweck gehen Sie auf die DNLA-Homepage https://www.dnla.de/index.htm und klicken dort auf »Leistungen« und dann auf »DNLA Fragen-Download«. Anschließend geben Sie diesen speziell für die Leser dieses Buches reservierten Code ein: ku43285st und beantworten die Fragen. Natürlich ist der Datenschutz gewährleistet.

Kurze Zeit später erhalten Sie nicht nur Ihr persönliches Gutachten (ca. 50 Seiten), sondern auch Ihren persönlichen, individuellen Weiterentwicklungsplan (bis zu 25 Seiten). Viel Spaß!

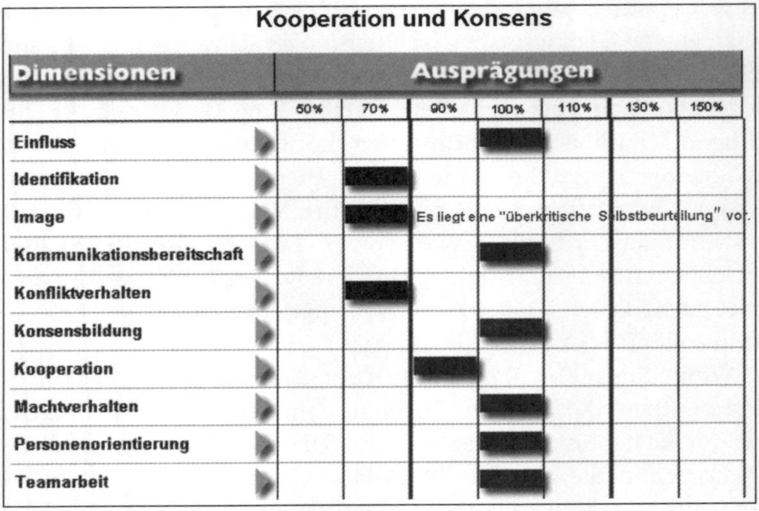

Abbildung 46: DNLA-Auswertung Kooperation und Konsens

3. Wie steuern und kontrollieren Sie den Erfolg Ihrer Strategie?

Da Sie nicht sicher sein können, ob alles nach Plan verläuft, sind Kontrollen notwendig. Sie wissen doch: »Vertrauen ist gut, Kontrolle ist besser« (Lenin). Es geht bei der Kontrolle nicht um die Suche nach Schuldigen, sondern um die Kurssicherung durch gekonntes Steuern. Zu diesem Zweck wird die Übereinstimmung von Soll und Ist geprüft. Gab es Abweichungen, dann sind diese zu analysieren. Man nennt dieses Vorgehen *Abweichungsanalyse.*

Je länger Ihr Plan in die Zukunft hineinreicht, umso wichtiger ist die Kontrolle als eine Art anpassendes Steuern, da sich die Umfeldbedingungen ständig ändern. Außerdem können sich unvorhergesehene Sachverhalte einstellen, beispielsweise eine schwere Krankheit, die Ihren Plan gefährdet. Insofern ermöglicht Ihnen die Kontrolle auch eine gleitende Planung, indem Sie Störungen im Umfeld schnell erkennen und darauf reagieren. Das setzt jedoch eine Rückkoppelung beziehungsweise Vernetzung mit Ihrem Umfeld voraus. Je besser die Kommunikation mit Ihrem Umfeld ist, umso früher können Sie eventuelle Abweichungen erkennen oder auch intuitiv erspüren.

3.1 Begriffs- und Aufgabenklärung: Kontrolle und Controlling

Kontrolle ist nur dann möglich, wenn Sie Vergleichsgrößen definiert haben. Nur so ist Ihre Planung beziehungsweise sind Ihre Ziele Soll-Ist-fähig.[47] Sie verfügen über Plangrößen einerseits und Vergleichsgrößen andererseits, womit Ihre strategische Planung beurteilbar hinsichtlich ihrer Umsetzung ist, ansonsten wäre jedes Ziel akzep-

47. Vgl. Walter Simon: *Ziele managen*, Offenbach 2000 (GABAL); hier insbesondere das Kapitel über Kontrolle.

tabel. Der Begriff Kontrolle wird zumeist im Sinne eines Soll-Ist-Vergleiches genutzt. Denkbar ist aber auch ein Soll-Wird-Vergleich im Rahmen Ihrer Planfortschrittskontrolle.

Controlling

Mit Controlling ist eher die Beherrschung, Lenkung und Steuerung gemeint, was sich auf Organisationen, Prozesse oder Projekte beziehen kann. Mit einer solchen Kontrolle von Planerfüllung oder -abweichungen werden die Grundlagen für Managemententscheidungen gelegt. Doch darf die sinngemäße Übersetzung des englischen Wortes »to control« nicht dazu führen, Controlling einfach mit Kontrolle gleichzusetzen. Controlling ist als Lenkungs- und Steuerungsinstrument umfassender zu betrachten als die reine Kontrolle, die nur eine Teilfunktion des Controllings ist und der allein der Bezug zum Prozess der Unternehmensführung fehlt. Dennoch ist anzumerken, dass der Begriff Controlling noch immer unscharf definiert wird, was entsprechend für das strategische Controlling gilt. Wenn man aber die unendlich vielen Definitionen des Begriffs Controlling zusammenfasst, kann man dieses als ergebnis- und liquiditätsorientierte Steuerung mittels Planung und Kontrolle, Reporting, Abweichungsanalyse und Korrekturvorschlägen benennen.

Für die Zwecke dieses Buches kommt es nicht auf managementsemantische Feinheiten an. Wichtig ist die Einsicht in die Notwendigkeit der gründlichen und ständigen Überprüfung des Weges und der Ergebnisse. Aber ein Aspekt gehört hervorgehoben: Bei der klassischen Feedback-Kontrolle erfolgt der Soll-Ist-Vergleich ex post, also im Nachhinein oder zumindest am Ende des Geschehens. Damit entfällt aber die Möglichkeit des Steuerns. Im Gegensatz dazu hat die strategische Kontrolle eine Begleitfunktion, die parallel zur strategischen Planung verläuft. Sie ist nicht das »Schlusslicht« im Managementprozess und hat nicht nur »Wasserträgerfunktion« für die Planung, sondern ihr kommt eine gewichtige Aufgabe im Rahmen des strategischen Managements zu. Ihre Aufgabe ist nicht, Fehler, die in der Vergangenheit entstanden sind, aufzudecken, sondern Orientierungen für strategische Kurskorrekturen zu geben.

Operatives und strategisches Controlling

Entsprechend dem groben Unternehmensaufbau beziehungsweise den Entscheidungsebenen wird zwischen dem strategischen und dem operativen Controlling unterschieden.

Das langfristig ausgerichtete *strategische Controlling* untersucht, ob eine Organisation die *richtigen Dinge* tut. Die diesbezüglichen Fragen beziehen sich auf Produkte, Märkte, Mitarbeiter, Kunden und Prozesse.

Strategisches Controlling unterstützt die Leistungsorgane bei der Formulierung und Überprüfung grundsätzlicher und somit langfristiger Ziele. Hier geht es um die strategische Grundsatzfrage, mit der die *Effektivität* einer Organisation untersucht wird. (Ergänzende und vertiefende Informationen hierzu finden Sie in Kapitel A.2.2 »Der Zweck einer Strategie«.)

Im Gegensatz dazu konzentriert sich das *operative Controlling* kurz- bis mittelfristig auf die laufenden Geschäfte. Es fragt, ob eine Organisation die *Dinge richtig* tut, und untersucht, ob die operative Umsetzung der Strategie wettbewerbsfähig und wertschöpfend ist. Hier wird die *Effizienz* einer Organisation, also die rationelle und rationale Aufgabenerfüllung hinterfragt. Dazu bedient sich das Controlling der Daten des Finanz- und Rechnungswesens.

Wie wird steuernd kontrolliert?

Das Controlling nutzt alle irgendwie geeigneten Instrumente und Methoden, um seine Aufgaben zu erfüllen. Kennzahlen kommt in diesem Zusammenhang ein besonderer Stellenwert zu, aber auch Methoden wie Benchmarking oder die Balanced Scorecard fanden Einzug in das Controlling. Zu nennen sind ebenso die Kosten- und Leistungsrechnung, Kundenbefragungen, Entscheidungstechniken, Portfolioanalysen, Szenariotechnik, die SWOT-Analyse, das EFQM-Modell, die Gemeinkosten-Wertkosten und andere.

In großen Unternehmen ist das Controlling eine eigenständige und vollwertige Unternehmensfunktion, gleichwertig neben der Logistik, dem Einkauf, der Produktion und dem Verkauf stehend, also unter Einbeziehung der nötigen Entscheidungskompetenzen. Als

Klein- oder Mittelunternehmer sind Sie aber Ihr eigener Controller und müssen sich selbst die Informationen zur ziel- und situationsgerechten Ausführung Ihres strategischen Managements beschaffen.

Aufgaben des Controllings

Als Ihr eigener Controller begleiten Sie den Managementprozess mit den Phasen Ziele setzen, planen, entscheiden, realisieren und kontrollieren. In diesem Sinne kann man Sie mit dem Navigator auf einem Schiff verglichen, der dem Steuermann die Informationen liefert, die dieser benötigt, um den sicheren Hafen anzusteuern.

Von den vielen Aufgaben des Controllings spielen diese drei Grundfunktionen die größte Rolle:

Planungsfunktion. Das Controlling wirkt am Zielbildungs- und Planungsprozess des Unternehmens mit, indem es Teilziele der Bereiche zu einem ganzheitlichen und abgestimmten Zielsystem zusammenführt. Ziele sind der Anfangs- und Endpunkt der Planung. Mit ihr legt man die Wege und Ressourcen fest, terminiert und dokumentiert sie. Diese Daten werden fixiert und fließen als Planwerte beziehungsweise Soll-Vorgaben in die Planung ein.

Informationsfunktion. Das Controlling ist für das betriebswirtschaftliche Berichtswesen zuständig. Es übermittelt regelmäßig Steuerungsdaten in möglichst komprimierter und strukturierter Form an das Management. Nur so kann dieses die Wirtschaftlichkeit überwachen und die Geschäftsentwicklung beurteilen. Die Informationen entstammen in der Regel dem Rechnungswesen. Sie werden verdichtet und den Soll-Werten aus der Planung gegenübergestellt.

Steuerungs- und Kontrollfunktion. Kontrollen dienen der systematischen Überwachung des Geschäftsverlaufs durch den Vergleich von Soll und Ist. Die Kontrollaufgaben des Controllings gehen aber über den reinen Soll-Ist-Vergleich hinaus. Controlling analysiert Abweichungen, ermittelt Ursachen und Auswirkungen und benennt den Handlungsbedarf. Es erstellt Prognosen über den zu erwartenden Geschäftsverlauf, um Abweichungen schon im Vorfeld erkennbar werden zu lassen. Insofern leistet es einen wichtigen Beitrag zur Frühaufklärung und zur vorausschauenden Steuerung.

3.2 Das müssen Sie strategisch kontrollieren

In Theorie und Praxis herrscht Einigkeit darüber, was kontrolliert werden muss, nämlich:

- die Prämissen, die Ihrer Strategie zugrunde liegen
- die Durchführung Ihrer Strategie
- die zur Verfügung stehenden Potenziale[48]

Als zusätzlicher Baustein kommt die strategische Überwachung hinzu, eine Art »Radar«, mit dem Sie ungeahnte Bedrohungen rechtzeitig orten, um Gegenmaßnahmen zu ergreifen.

Prämissenkontrolle

Die dem strategischen Management zugrunde liegende Planung reicht weit in die Zukunft hinein. Präzise Zukunftsbeschreibungen wären schön, sind aber leider nicht möglich. An ihre Stelle treten Prognosen. In diese können zwar viele Trendsignale und Annahmen einfließen, die gegebenenfalls sogar mittels Szenarioanalyse fundiert wurden, aber gewiss bleibt letztendlich nur die Ungewissheit.

Im Laufe der Zeit ergeben sich neue Situationen, Konstellationen und Probleme: So konnte niemand den 11. September 2001 voraussehen; das Ende des Internethypes wollten manche Investoren gar nicht erst wahrnehmen; Kriege wurden verloren, weil die Grundannahmen nicht stimmten; die Grundannahme des Ostblocks, wonach der Kapitalismus gesetzmäßig durch den Sozialismus abgelöst werde, erwies sich als falsch: »Wer zu spät kommt, den bestraft das Leben« (Gorbatschow). Sie müssen sich also kritisch fragen, ob die Ihrem Geschäft zugrunde liegenden Annahmen heute noch zutreffen. Die Erfolgsrezepte von gestern sind eventuell die Misserfolgsursachen von heute.

Die Prämissenkontrolle hat zwei Seiten, eine nach innen und eine nach außen gewandt. Bei der *internen Prämissenkontrolle* überprüfen Sie Ihr eigenes Unternehmen, zum Beispiel die Personalfluk-

48. Vgl. Horst Steinmann/Georg Schreyögg: *Management*, Wiesbaden 1990 (Gabler).

tuation, die Qualitätsdaten und die Verkäufe. Die *externe Prämissenkontrolle* erstreckt sich auf die Branche, das gesellschaftliche, wirtschaftliche, politische, rechtliche oder kulturelle Umfeld. Sie stellen also das auf den Prüfstand, was Sie in Kapitel B.5 (»Wie sieht Ihr Umfeld aus?«) dieses Buches erarbeitet haben.

Als Ihr Strategiecoach bitte ich Sie, über diese Fragen nachzudenken:

✍ Welche Grundannahmen liegen Ihrer Strategie zugrunde? Gelten diese auch heute noch unverändert?

Grundannahmen damals	**gilt noch**	**gilt nicht mehr**	**Prämissen heute**

Durchführungskontrolle

Die Durchführungskontrolle hat im Gegensatz zur begleitenden Prämissenkontrolle Feedback-Charakter. Sie setzt mit der Realisation der Strategie ein. Im Grunde überprüfen Sie hier, ob die geplanten Einzelschritte umgesetzt werden. Sie fragen also nach dem Ist und vergleichen dieses mit dem Soll und ergreifen gegebenenfalls Maßnahmen.

Dieser Vergleich setzt zweckmäßigerweise Zwischenziele voraus, die zu dem strategischen Oberziel führen. Im Kontext des Projektmanagements wird hierfür auch der Begriff »Meilensteine« benutzt. Im Kapitel C1.1 (»Strategie- und zielorientierte Mitarbeiterführung«) finden Sie hierzu vertiefende Informationen.

Strategische Überwachung

Eine noch so gründliche Prämissen- und Durchführungskontrolle schützt nicht vor Überraschungen. Es ist wie mit der Wettervorhersage: Selbst die besten Computer und ihre Programme liegen oft daneben. Außerdem ist es schier unmöglich, im Rahmen der

Strategieentwicklung alle Eventualfälle zu berücksichtigen, sonst würde Ihre strategische Planung die Grenze der Wirtschaftlichkeit sprengen. Sie müssen notgedrungen Einflussbereiche ausklammern, nicht zuletzt, weil die Sachkenntnis fehlt. Ihre strategische Planung kann nicht alle Diskontinuitäten erfassen, Sie müssen die weißen Flecken auf der Landkarte akzeptieren. Je schlechter aber ihre Prämissen- und Durchführungskontrolle ist, umso wichtiger ist ein strategisches Radar, das sofort auf Veränderungen hinweist.

Sie benötigen also eine kontinuierliche, ungerichtete Beobachtung eventuell vernachlässigter oder unvorhersehbarer Ereignisse, die auf Ihr Unternehmen einwirken könnten. Dies ist umso wichtiger, je mehr und schneller sich wirtschaftliche und gesellschaftliche Rahmenbedingungen ändern. Insofern gewinnt die strategische Überwachung immer mehr an Bedeutung. In diesem Zusammenhang erinnere ich Sie an das, was Sie in Kapitel B.5.5 (»Ihre Konkurrenz«) über Marktsignale lasen. Insbesondere beim strategischen Controlling kommt es darauf an, sich für die »schwachen Signale« zu sensibilisieren.

Da die möglichen Ereignisse nicht vorhersehbar und inhaltlich bestimmbar sind, wären Sie als Einzelner mit der Aufgabe der strategischen Beobachtung überfordert. Hier sind alle Aufgabenträger Ihres Unternehmens in der Pflicht, insbesondere qualifizierte Fach- und Führungskräfte. Diese sollten aber nicht nur einen Blick für Bedrohungen haben, sondern auch für eventuelle Chancen.

Management-Informationssysteme

Strategische Überwachung, besonders in der konkreten Form als Frühwarnsystem, ist eine besondere Ausprägungsform von Management-Informationssystemen. Hierbei handelt es sich in der Regel um EDV-gestützte Informationssysteme. Es stellt dem Unternehmen Informationen zur Verfügung, mit deren Hilfe dieses gelenkt beziehungsweise das Controlling betrieben werden kann. Dabei muss es sich nicht um aufgeblähte IT-Programme handeln; oft genügt schon eine Handvoll wichtiger Kennzahlen, die rechtzeitig und umfassend zur Verfügung stehen. Man kann sie zugleich als

Planungs-, Budgetierungs- und Planungsinstrument nutzen. Mehr dazu weiter unten im Abschnitt »Kennzahlen«.

Die Informations- und Kommunikationsrevolution zwingt uns zu einem bewussten und gezielten Umgang mit Informationen. Information ist ein Wettbewerbsfaktor, im Wettbewerb um knapper werdende Arbeitsplätze ebenso wie im Kampf um die Gunst der Kunden. Bis vor einigen Jahren verstand man unter Informationsmanagement das innerbetriebliche DV-Management. Heute dagegen wird es als Ressourcenmanagement definiert. Es hat lange gedauert, bis die traditionelle Betriebswirtschaftslehre akzeptierte, dass Informationen neben Kapital und Arbeit eine wichtige Ressource für den Unternehmenserfolg sind. Früher kam Informationssystemen lediglich eine Unterstützungsfunktion zu, unter den neuen Rahmenbedingungen sind sie ein strategischer Erfolgsfaktor. Die Informationsmaschinerie liefert Ihnen das Produkt unserer Epoche: Information und Wissen. Wissensbesitz und Informationstransport entscheiden heute über Vorsprünge auf den Märkten. Im richtigen Moment über das richtige »Stück Wissen« zu verfügen, das verschafft Ihnen Vorteile. Aber nicht jede Information ist richtig und wichtig. Folgende Anforderungen sind einzulösen, wenn Sie sich Ihr Management-Informationssystem »zusammenbauen«:

- *Nachprüfbarkeit:* Die Herkunft der Informationen muss ersichtlich sein.
- *Objektivität:* Informationen sind faktenorientiert. Persönliche Meinungen müssen als solche gekennzeichnet sein.
- *Qualität:* Die Güte von Informationen wird an ihrer Aktualität, Vollständigkeit und Genauigkeit deutlich.
- *Handlungsnutzen:* Informationen zu Sachverhalten, die für Ihr Geschäft irrelevant sind, sind Spam.
- *Benutzerfreundlichkeit:* Auch für Management-Informationssysteme gilt: Der Mensch ist ein Augentier. Ein Bild (Grafik, Tabelle) sagt mehr als tausend Worte.
- *Wirtschaftlichkeit:* Ein Management-Informationssystem ist kein personalintensiver Geheimdienst, der alles sammelt, was irgendwann einmal brauchbar sein könnte. Informationen sollen Sie »in

Form« bringen. Darum gehören sie auf den Schreibtisch, nicht in Aktenordner.

3.3 Ihr Kontrollsystem

Von der Größe Ihres Unternehmens hängt ab, ob und inwieweit Sie Ihre Kontrolle systematisieren. Große Unternehmen verfügen über eine eigene Controllingabteilung, aber zumeist über eine, die sich im operativen Controlling auskennt. Das strategische Controlling ist für die meisten Controller Neuland.

Um Prämissen, Potenziale und die Durchführung bei gleichzeitiger Radarrotation zu kontrollieren, bedarf es einer gewissen Ordnung, bestenfalls eines strukturellen Rahmens. Die Fragen, die Sie für sich beantworten müssen, lauten:

- Wer kontrolliert? (Kontrollverantwortlichkeiten)
- Wo und was? (Kontrollbereiche)
- Wie? (Kontrollprozess)
- Womit? (Kontrolltechniken)
- Wann? (Kontrollzeitpunkte)

Wenn Sie über kein eigenes Controlling verfügen, kann die eigens eingerichtete Projektgruppe »Strategie« die strategische Kontrolle wahrnehmen. Diese Gruppe sollte auch das Kontrollsystem unternehmensspezifisch kreieren.

Als Ihr Strategiecoach bitte ich Sie, über diese Fragen nachzudenken:

Ihr Kontrollsystem

Wer kontrolliert	Wo und was	Wie	Womit	Wann

3.4 Kennzahlen: Ihre Kontrollzahlen

Ihr strategisches Finanzmanagement und Ihr Controlling tragen wesentlich zur Existenzsicherung Ihres Unternehmens bei, vorausgesetzt, Sie planen und kontrollieren Ihre Geld-, Forderungs- und Schuldenbewegungen, bereiten Finanzierungsentscheidungen gut vor und arbeiten an Ihren Kapitalstruktur- und Rentabilitätszielen. Hierbei spielen Kennzahlen eine wichtige Rolle.

Kennzahlen sind verdichtete Informationen, die große Datenmengen auf eine überschaubare Größe reduzieren. Diese Informationen benötigen Sie, um Ihr Unternehmen zu steuern. Mit ihrer Hilfe können Sie

- Probleme identifizieren,
- Situationen bewerten,
- Zusammenhänge und Abhängigkeiten verdeutlichen,
- Entscheidungen fundieren,
- fundiert kontrollieren.

Sie bieten die Grundlage für Ihre strategische Unternehmensplanung und ermöglichen den Vergleich Ihrer Zielvorstellungen mit der realen Situation. Auch erlauben sie ein Benchmarking mit anderen Unternehmen oder einen Periodenvergleich, basierend auf diesen oder ähnlichen Fragen: »Wie ist der Trend?«, »Welche Veränderungen haben sich zu den Vorjahren ergeben?« Die Grundfunktion ist und bleibt der Soll-Ist-Vergleich.

Arten von Kennzahlen

Man kann Kennzahlen auf verschiedene Art unterscheiden beziehungsweise einteilen, beispielsweise mit dieser Klassifizierung:

Absolute Kennzahlen. Hierbei handelt es sich um Einzelzahlen, Summen, Mittelwerte, beispielsweise Umsatz, Forderungen, Verbindlichkeiten, Gewinn oder Verlust. Sie entnehmen sie dem betrieblichen Rechnungswesen (Bilanz oder Gewinn- und Verlustrechnung).

Verhältniszahlen. Hier setzen Sie absolute Zahlen miteinander in Beziehung, indem eine Größe x mit der einer Zahl y gemessen wird, so wie es in Kapitel C.3 (»Ihre Finanzstrategie«) am Beispiel der Renditen dargestellt wurde. Es sind vor allem Verhältniszahlen, die für die Beurteilung des unternehmerischen Erfolges wichtig sind.

Kennzahlen bestehen in der Regel aus dem Kennzahlenwert und dem Zielwert. Der *Kennzahlenwert* ist die am Ende einer Periode ermittelte Zahl mit der dazugehörenden Maßeinheit, also Kilogramm, Euro oder Tage. Der *Zielwert* ist die angestrebte Größe zu einem bestimmten Termin. Er wird mit dem tatsächlichen Kennzahlenwert verglichen. Dabei kann es sinnvoll sein, einen Schwellen- beziehungsweise Einheitswert zu definieren, der, wenn er erreicht wurde, Gefahr signalisiert und zum Eingreifen auffordert.

Erst der Vergleich verleiht einer Kennzahl Aussagekraft. Es bieten sich Zeitvergleiche an, etwa Ist-Zahlen zu verschiedenen Zeitpunkten, oder Soll/Ist-Vergleiche mit anderen Unternehmen oder Planzahlen.

Anforderungen an Kennzahlen

- Eine Kennzahl enthält in der Regel eine Zielvorgabe.
- Eine Kennzahl enthält so viel an Information wie nötig und so wenig wie möglich.
- Die Daten sind als Mengen oder in Werten messbar.
- Kennzahlen sind vollständig, um zu richtigen Ergebnissen zu kommen.
- Sie sind vergleichbar, verständlich und benutzerfreundlich.

Kennzahlensysteme

Es macht wenig Sinn, mit Zahlenfriedhöfen zu arbeiten, auf denen Sie sich leicht verirren. Darum sollten Sie sich auf einige wenige, aber die wirklich wichtigen Kennzahlen beschränken. Ähnlich einem Arzt, der anhand der Körpertemperatur, des Pulsschlages, des Cholesterinspiegels und der Blutfettwerte Rückschlüsse auf den Gesundheitszustand des Patienten ziehen kann.

Zehn bis zwanzig Kennzahlen sind meistens ausreichend, um das Unternehmen zu beurteilen und zu steuern. Die Unternehmensziele nehmen eine Schlüsselrolle ein, denn sie sind Ausgangs- und

Endpunkt für Kennzahlen. Von den strategischen Makrokennzahlen werden dann Mikrokennzahlen für die nachgeordneten Bereiche gebildet. Dieses Top-down-Verfahren garantiert einheitliche und durchgängige Kennzahlen.

Welche Daten Sie als Schlüsselkennzahlen definieren, hängt von vielen Faktoren ab. Ein Unternehmensleiter benötigt andere Zahlen als der Produktionsleiter. Der Chefarzt eines großen Krankenhauses interessiert sich eher für Mortalitätsraten, Patienten-Verweildauer oder Operationserfolge als für den Return on Investment. Die wichtigste Kennzahl eines Pfarrers ist die Menge der sonntäglichen Kirchgänger, gegebenenfalls noch die Höhe des Kirchensteueraufkommens in seiner Gemeinde. Eine Non-Profit-Organisation orientiert sich eher an nichtmonetären Kennzahlen. Jeder muss für seinen Zweck die passenden Kennzahlen definieren.

Drei wichtige Kennzahlen

Wegen der Wichtigkeit hier noch drei Kennzahlen von zentraler Bedeutung: der Return on Investment, die Eigenkapitalquote und der Verschuldungsgrad.

Return on Investment (ROI): Der ROI ist dank seiner hohen Aussagekraft eine der wichtigsten Kennzahlen der Bilanzanalyse. Aus dieser Kennzahl können Sie Rückschlüsse auf die Rentabilität beziehungsweise die Ertragskraft Ihres Unternehmens ziehen. Das wird erreicht, weil zwei Erfolgskennzahlen in die Berechnung einfließen, und zwar die Umsatzrentabilität und die Kapitalumschlagshäufigkeit. Werden die Umsatzrentabilität und/oder die Kapitalumschlagshäufigkeit angehoben, steigert dieses den ROI. Dieser sollte in kleinen und mittleren Unternehmen bei 10 bis 12 Prozent liegen. Beim ROI wird die Formel zur Berechnung der Gesamtrentabilität ergänzt, indem zusätzlich im Zähler und Nenner der Umsatz berücksichtigt wird.

$$\text{ROI} = \frac{\text{Bilanzgewinn} + \text{Fremdkapitalzinsen}}{\text{Umsatz}} \times 100 \times \frac{\text{Umsatz}}{\text{Gesamtkapital}}$$

Eigenkapitalquote: Diese Kennzahl informiert Sie über die Kreditwürdigkeit des Unternehmens. Eine hohe Eigenkapitalquote signalisiert Unabhängigkeit und Sicherheit eines Unternehmens. Die Eigenkapitalquote deutscher Unternehmen geht laufend zurück und liegt heute zwischen 15 bis 30 Prozent am Gesamtkapital.

$$\text{Eigenkapitalquote} = \frac{\text{Eigenkapital}}{\text{Gesamtkapital}} \times 100$$

Verschuldungsgrad: Je geringer die Eigenkapitalquote, umso nötiger sind Kredite. Ein erhöhter Verschuldungsgrad birgt Risiken. Unter dem Vorzeichen von Basel II wird es immer schwieriger, neue Darlehen aufzunehmen.

$$\text{Verschuldungsgrad} = \frac{\text{Fremdkapital}}{\text{Eigenkapital}} \times 100$$

Welche Kennzahlen benötigen Sie, um Ihre Abteilung oder Ihr Unternehmen zu steuern?

Visualisieren Sie diese in optisch anschaulicher Form, und schon verfügen Sie über ein Cockpit, in dem alle strategisch relevanten Informationen sichtbar oder schnell verfügbar sind. Aber bedenken Sie, dass viele Kennzahlen in der Regel nur mit einer erheblichen zeitlichen Verzögerung verfügbar sind, insbesondere jene, die aus Jahresabschlüssen stammen.

Als Ihr Strategiecoach bitte ich Sie, über diese Fragen nachzudenken:

✍ Welche Kennzahlen benötigen Sie für Ihr strategisches Controlling?

4. Die Balanced Scorecard als Strategiekompass und Schrittzähler

Um Ihr Unternehmen in die Zukunft zu führen, reicht es nicht, finanzielle Größen und Kennzahlen zu nutzen, die sich auf vergangene Leistungen beziehen. Finanzielle Kennzahlen sagen nichts darüber aus, was jetzt getan werden muss. Darum interessiert sich die Balanced Scorecard (BSC) für die treibenden Faktoren zukünftiger Leistungen. Dieser Leistungstreiber sind Zahlen, die Bewegung auslösen. Sie sind Voraussetzung für die Ergebnis-Kennzahlen, denn bei Ergebniszahlen ohne Nennung der Leistungstreiber bleibt unklar, wie Sie zu dem Ergebnis kommen. Andererseits geben Leistungstreiber für sich allein keine Auskunft über die Wirkung der Maßnahmen auf das Unternehmensergebnis. Darum besteht eine gute BSC aus diagnostischen Ergebniszahlen *und* strategischen Zielzahlen. Aufgrund ihres Anspruches der Ausgewogenheit zwingt sie den Anwender, ein Gleichgewicht zwischen finanziellen und nichtfinanziellen Kennzahlen, kurzfristigen und langfristigen Zielen, Früh- und Spätindikatoren sowie interner und externer Sichtweise herzustellen.

Die BSC bietet Ihnen ein Handlungs- und Steuerungsinstrument, mit dem Ihre Unternehmensvision in ein geschlossenes Strategie-, Ziele- und Maßnahmenbündel gegossen wird. Sie erweitert den strategischen Handlungsrahmen der Unternehmung im Managementprozess durch die Vereinigung von vier Teilprozessen des Managements, so wie es Abbildung 47 zeigt:

1. Übersetzung von Visionen und Strategien in konkretes Handeln,
2. Kommunikation und Verbindung strategischer Ziele mit
3. Maßnahmen, Planung und Formulierung von Vorgaben und der jeweiligen Initiativen sowie
4. Verbesserung des strategischen Feedbacks und Lernens.

Damit füllt sie eine Lücke, die in den meisten Managementsystemen klafft, nämlich der Mangel an Systematik zu Realisierung von Strategien. BSC versteht sich in erster Linie als Mechanismus zur Strategieumsetzung, weniger zur Strategieformulierung.

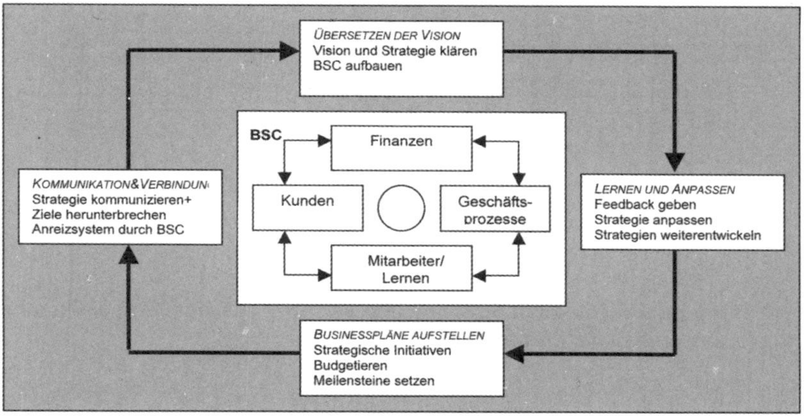

Abbildung 47: Die Balanced Scorecard als strategischer Handlungsrahmen (in Anlehnung an Kaplan/Norton 1997, S. 10)

Die BSC hat vier strategische Hauptrichtungen: Finanzen, Kunden, Prozesse und Innovationen. Diese vier Richtungen können je nach Unternehmenssituation erweitert oder auch reduziert werden. Zu jeder Strategieperspektive werden maximal vier bis sieben Haupt- und Nebenziele mit Kennzahlen sowie die dazugehörigen konkreten Maßnahmen beschlossen. Vision, Strategie, Ziele und Maßnahmen sind hier fest miteinander verknüpft (Abbildung 48).

Finanzwirtschaftliche Perspektive

Die finanzwirtschaftlichen Ziele spielen eine Doppelrolle im BSC-Konzept. Sie definieren einerseits die finanzielle Leistung, die von der Unternehmensstrategie erwartet wird. Andererseits dienen sie als Fokus für die Ziele und Kennzahlen aller anderen Scorecard-Perspektiven. Dass die Interessen der Kapitalgeber dabei im Mittelpunkt stehen, versteht sich von selbst.

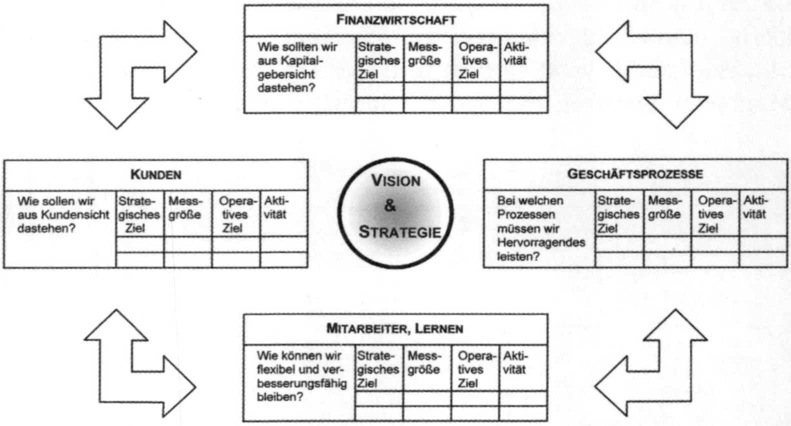

Abbildung 48: Die Vision in Strategie übersetzen – aus vier Perspektiven (in Anlehnung an Kaplan/Norton 1997, S. 9)

Die wichtigsten *Bezugsgrößen* sind Return on Investment (ROI), Kostensenkung, Unternehmenswert oder Cashflow, Aktienkurs, Deckungsbeitrag. Mögliche *Leistungstreiber* wären: Zahlungsausfälle abbauen, Lagerdauer und Bezahlungslänge verkürzen. Finanzielle Kennzahlen für sich allein sagen wenig darüber aus, was Sie jetzt oder in Zukunft für die Wertschöpfung tun müssen. Unter dem Druck, kurzfristige Finanzleistungen zu erbringen, vernachlässigen viele Unternehmen die Förderung der immateriellen beziehungsweise intellektuellen Vermögenswerte, die zukünftiges Wachstum ermöglichen.

Kundenperspektive

In der Kundenperspektive geht es darum, jene Kunden- und Marktsegmente zu identifizieren, in denen Ihr Unternehmen wettbewerbsfähig sein will. Die Kundenzufriedenheit gilt dabei als Voraussetzung rentabler Beziehungen zu den Geschäftspartnern. Das setzt gute Produkte und Dienstleistungen voraus.

Mögliche *Kennzahlen* sind: Marktanteil, Kundentreue, Kundenakquisition, Kundenzufriedenheit und Kundenrentabilität. Diese entwickeln sich aber nur dann positiv, wenn unter anderem diese *Leistungstreiber* genutzt werden: Qualität, Service, Image, Geschwindigkeit.

Lern- und Entwicklungsperspektive

Will Ihr Unternehmen sein heutiges Leistungsvermögen steigern, muss es sich entwikkeln. Dabei orientiert sich die BSC an der Idee der lernenden Organisation. Vor allem will die BSC die Ideenproduktion an der Basis ankurbeln, weil man dort viel direkter mit internen Prozessen und den Kunde zu tun hat. Die »BSC-Apostel« sehen in diesen drei Bereichen die treibenden Faktoren: Weiterbildung, IT-Nutzung und Motivation/Empowerment/Zielausrichtung.

Dieses sind einige der möglichen *Kennzahlen* im Rahmen dieser Perspektive: Mitarbeiterzufriedenheit, Mitarbeitertreue, Mitarbeiterproduktivität. Die *Leistungstreiber* hierzu sind unter anderem Weiterbildung, IT-Nutzung, Verbesserungsvorschläge, Motivation.

Interne Prozessperspektive

Die Prozessperspektive soll kritische Punkte identifizieren, die Sie verbessern wollen. Dabei sollten Sie diejenigen Prozesse fokussieren, die den größten Einfluss auf die Kundenzufriedenheit und die Zielerreichung haben. Denkbar ist aber auch, dass völlig neue Prozesse identifiziert werden, die optimale Kundenzufriedenheit erzeugen. Hier geht es also um die Verbesserung von Abläufen. Die BSC will in Anlehnung an das moderne Prozessmanagement den Gesamtprozess optimieren, nicht aber einzelne Abteilungen.

Der Gesamtprozess wird unterschieden in

1. Innovationsprozesse,
2. Betriebsprozesse und
3. Kundendienstprozesse.

Mögliche *Kennzahlenbereiche* sind: Materialnutzung, Nacharbeit, Reklamationen, Erfindungen. Die relevanten *Leistungstreiber* sind unter anderem: Abbau von Fehlern, Umsetzungsdauer von Innovationen.

In einer Ursache-Wirkungs-Beziehung werden auch die vier Strategiefelder verbunden. Die BSC geht von einem Kausalzusammenhang zwischen Mitarbeiterzufriedenheit, Kundenzufriedenheit, Kundentreue, Marktanteil und wirtschaftlichem Erfolg aus.

Beispiel: Wollen Sie Ihre Kapitalrendite steigern, dann setzt dies eine Reihe von Maßnahmen im Kundenbereich voraus. Diese sind aber an vorgelagerte Aktionen im Bereich der Prozesse gebunden, die sich ihrerseits aus Verbesserungen im Human-Resources-Bereich ergeben. So entsteht eine kettenähnliche Wenn-dann-Struktur, die in Ziele und Maßnahmen aufgegliedert ist. Abbildung 49 verdeutlicht diesen Zusammenhang.

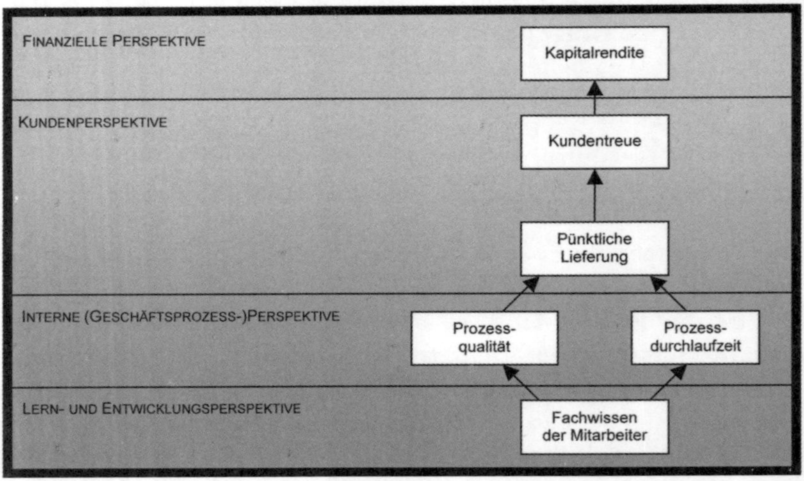

Abbildung 49: Ursache-Wirkungs-Kette in der Balanced Scorecard (in Anlehnung an Kaplan/Norton 1997, S. 29)

Maßnahmen und Zahlen, die nichts darüber aussagen, ob ein Ziel erreicht wird, sind aus dem Kennzahlenprofil zu streichen.

Praxisempfehlungen

Die Erarbeitung und Einführung der BSC erfolgt so, wie bei Organisationsentwicklungs- beziehungsweise Change-Management-Prozessen üblich: diskussionsaktiv, kooperativ beziehungsweise partizipativ, um den Unternehmens-IQ voll zu nutzen und Akzeptanz herzustellen.

Es stellt sich abschließend die Frage, ob Strategiemodelle der verschiedenartigsten Provenienz im Zeitalter der Kurzlebigkeit noch brauchbar sind. In einer Zeit, in der die Produktentwicklung und die Produktlebenszyklen kurz und kürzer werden, in der neue Technologien im Stunden- und Tagestakt entstehen, in der Markt- und Ländergrenzen verschwinden, Branchen verschmelzen (etwa der Supermarkt mit der Tankstelle) und sich Manager schon mit Samuraiprinzipien beschäftigen, können es sich Unternehmen immer weniger leisten, Fünf- bis Zehnjahrespläne mit akribisch genauen Meilensteinen aufzustellen.

Für die BSC folgt hieraus, sie im Sinne eines Double-Loop-Lernens flexibel anzuwenden. Unternehmen brauchen eine dynamische Strategie, bei der die Feinabstimmung der Reflexe sowie die Suche und der Aufbau temporärer Chancen im Mittelpunkt stehen. Die BSC kann hierbei helfen, aber nur dann, wenn sie nicht als strategisches Dogma, sondern als Navigationsinstrument genutzt wird.

Literatur

David Allen: *Strategisches Finanzmanagement.* Wien 1996 (Ueberreuter)

Wafi Al-Baghdadi: *Unternehmen vitalisieren.* Landsberg 2007 (mi)

Franz Xaver Bea, Jürgen Haas: *Strategisches Management.* Stuttgart 2005 (UTB)

Fred G. Becker, Michael J. Fallgater: *Unternehmensführung. Einführung in das strategische Management.* Berlin 2002 (Erich Schmidt-Verlag)

Warren Bennis, Burt Nanus: Führungskräfte. *Die vier Schlüsselstrategien erfolgreichen Führens.* Frankfurt/M. 1985 (Campus)

Manuela Brinkmann: *Strategieentwicklung für kleine und mittlere Unternehmen. Tools, Konzepte, Praxisbeispiele.* Zürich 2002 (Orell Füssli)

Bernd Camphausen: *Strategisches Management. Planung, Entscheidung, Controlling.* München 2007 (Oldenbourg)

Jim Collins, Jerry I. Porras: *Immer erfolgreich. Die Strategien der Top-Unternehmen.* München 2005 (dtv)

Reiner Czichos: *Change-Management,* München 1990 (E. Reinhardt)

Richard DAveni: *Hyperwettbewerb, Strategien für die neue Dynamik der Märkte.* Frankfurt/M. 1995 (Campus)

David Drennan: *Veränderung der Unternehmenskultur,* Hamburg 1993 (McGraw-Hill)

Peter F. Drucker: *Die Kunst des Managements.* Berlin 2000 (Econ)

Peter F. Drucker: *Die ideale Führungskraft. Die Hohe Schule des Managers.* Berlin 1995 (Econ)

Peter F. Drucker: *Management im 21. Jahrhundert.* Berlin 1999 (Econ)

Thomas Ehrmann: *Strategische Planung. Methoden und Praxisanwendungen.* Berlin/Heidelberg 2007 (Springer)

Rolf Eschenbach, Hermann Kunesch: *Management-Ansätze von Ansoff bis Ulrich.* Stuttgart 2003 (Schäffer-Poeschel)

Michael Froböse, Andreas Kaapke: *Marketing. Eine praxisorientierte Einführung mit Fallbeispielen.* Frankfurt/M. 2000 (Campus)

Aloys Gälweiler: *Strategische Unternehmensführung.* Frankfurt/M. 2005 (Campus)

Andreas von der Gathen, Hermann Simon: *Das große Handbuch der Strategieinstrumente. Werkzeuge für eine erfolgreiche Unternehmensführung.* Frankfurt/M. 2002 (Campus)

Peter Gomez, Gilbert J. B. Probst: *Vernetztes Denken. Ganzheitliches Führen in der Praxis.* Wiesbaden 2002 (Gabler)

Gary Hamel, Coimbatore K. Prahalad: *Wettlauf um die Zukunft: Wie Sie mit bahnbrechenden Strategien die Kontrolle über Ihre Branche gewinnen und die Märkte von morgen schaffen.* Wien 1995 (Ueberreuter)

Hans H. Hinterhuber: *Strategische Unternehmungsführung 1: Vision, Unternehmenspolitik, Strategie.* Berlin 2004 (de Gruyter)

Hans H. Hinterhuber: *Strategische Unternehmungsführung 2: Ziele und Rahmenbedingungen für die Funktionsbereiche, Organisation, Umsetzung, Unternehmungskultur, Strategisches Controlling, Leadership.* Berlin 2004 (de Gruyter)

Christian Homburg: *Kundennähe von Industriegüterunternehmen.* Wiesbaden 1998 (Gabler)

Christian Homburg, Hartmut Werner: *Kundenorientierung mit System: Mit Customer Orientation Management zu profitablem Wachstum.* Frankfurt/M. 1998 (Campus)

Robert S. Kaplan, David P. Norton: *Balanced Scorecard. Strategien erfolgreich umsetzen.* Stuttgart 1997 (Schäffer-Poeschel)

Robert S. Kaplan, David P. Norton: *Die strategiefokussierte Organisation. Führen mit der Balanced Scorecard.* Stuttgart 2001 (Schäffer-Poeschel)

Philip Kotler: *Kotler on Marketing,* New York 1999 (The Free Press)

Rudolf Large: *Strategisches Beschaffungsmanagement.* Wiesbaden 2006 (Gabler)

Fredmund Malik: *Führen, Leisten, Leben.* München 2001 (Heyne)

Fredmund Malik: *Strategie. Unternehmensnavigation für stürmische Zeiten.* Frankfurt/M. 2008 (Campus)

Jürgen Meffert, Harald Hungenberg: *Handbuch Strategisches Management.* Wiesbaden 2005 (Gabler)

Matthias T. Meifert: *Strategische Personalentwicklung. Ein Programm in acht Etappen.* Berlin/Heidelberg 2007 (Springer)

Niko Mohr, Jens Markus Wöhe: *Widerstand erfolgreich managen.* Frankfurt/M. 1998 (Campus)

Reinhart Nagel: *Lust auf Strategie. Workbook zur systemischen Strategieentwicklung.* Stuttgart 2007 (Klett-Cotta)

Robert Nieschlag und andere: *Marketing.* Berlin 1994 (Duncker & Humblot)

Bolko von Oetinger, Tiha von Ghyczy, Christopher Bassford: *Clausewitz – Strategie denken.* München 2003 (dtv)

Thomas J. Peters, Robert H. Waterman: *Auf der Suche nach Spitzenleistungen: Was man von den bestgeführten US-Unternehmen lernen kann.* Frankfurt/M. 2004 (Redline)

Michael E. Porter: *Wettbewerbsstrategie. Methoden zur Analyse von Branchen und Konkurrenten.* Frankfurt/M. 1999 (Campus)

Michael E. Porter: *Wettbewerbsvorteile. Spitzenleistungen erreichen und behaupten.* Frankfurt/M. 2000 (Campus)

Alfred Rappaport: *Shareholder Value.* Stuttgart 1999 (Schäffer-Poeschel)

Michael Reiß, Lutz von Rosenstiel, Anette Lanz: *Change Management. Programme, Projekte und Prozesse.* Stuttgart 1997 (Schäffer-Poeschel)

Edgar H. Schein: *Organizational Culture and Leadership,* New York 2004 (Wiley)

Hermann Simon: *Die heimlichen Gewinner*. Frankfurt/M. 1996 (Campus)

Hermann Simon: *Think! Strategische Unternehmensführung statt Kurzfrist-Denke*. Frankfurt/M. 2004 (Campus)

Hermann Simon/Christian Homburg: *Kundenzufriedenheit: Konzepte Methoden Erfahrungen*, Wiesbaden 1997 (Gabler)

Walter Simon: *Lust aufs Neue. Werkzeuge für das Innovationsmanagement*. Offenbach 1999 (GABAL)

Walter Simon: *Ziele managen*. Offenbach 2000 (GABAL)

Walter Simon: *Moderne Managementkonzepte von A–Z*. Offenbach 2002 (GABAL)

Walter Simon: *Persönlichkeitsmodelle*. Offenbach 2007 (GABAL)

Walter Simon: *Methodenkoffer Führung und Zusammenarbeit*. Offenbach 2006 (GABAL)

Walter Simon: *Methodenkoffer Managementtechniken*. Offenbach 2005 (GABAL)

Walter Simon: *Methodenkoffer Grundlagen der Arbeitsorganisation*. Offenbach 2004 (GABAL)

Walter Simon: *Methodenkoffer Grundlagen der Kommunikation*. Offenbach 2004 (GABAL)

Walter Simon: *Methodenkoffer Persönlichkeitsentwicklung*. Offenbach 2007 (GABAL)

Horst Steinmann, Georg Schreyögg: *Management*. Wiesbaden 2005 (Gabler)

Gerd Uhde: *Strategisches Marketing. Vom Ziel zur Strategie*. Berlin 2002 (Cornelsen)

Peter Ulrich: *Wirtschaftsethik und ökonomische Rationalität*, St. Gallen 1987 (Forschungsstelle für Wirtschaftethik)

Dietmar Vahs/Ralf Burmester: *Innovationsmanagement: Von der Produktidee zur erfolgreichen Vermarktung*, Stuttgart 1999 (Schäffer-Poeschel)

Stichwortverzeichnis

E

F

G

H

I

K

L

M

N

O

P

Q

R